KB139032

수리남 곤충의 변태

모든 자연 애호가와 연구자에게
마리아 지빌라 메리안이 이 책을 바칩니다.

수리남 곤충의 변태

과학적 지성과 예술적 미학을 겸비한 한 여성의 찬란한 모험의 세계

Metamorphosis Insectorum Surinamensium

마리아 지빌라 메리안 지음 | 금경숙 옮김

나무연필

메리안의 사후에 다시 펴낸 네덜란드어판 《수리남 곤충의 변태》(1730)에 수록된 삽화.

추천사

여성 과학자는 없었던 것이 아니다. 단지 과학의 역사에서 지워졌을 뿐. 마리아 지빌라 메리안을 기억하는 것은 곤충의 성장과 번식 과정을 먹이를 포함한 하나의 생태계로 보여주는 최초의 곤충학 책을 갖게 되는 것이자 정확한 관찰이 중요한 서구 근대 과학 발전에 수공예 기술이 얼마나 큰 역할을 했는지를 이해하는 것이기도 하다. 숨 막히게 아름답고 정교하며 실용적이기까지 한 이 책의 글과 그림을 따라가다 보면, '지워진 여성 과학자들의 이름으로 새로운 과학사가 쓰인다면 그 역사가 만드는 과학의 미래는 어떻게 달라질까?'라는 가슴 뛰는 질문에 이르게 된다.

_임소연 (과학기술학 연구자, 《신비롭지 않은 여자들》 저자)

이름이 곧 장르가 되어 버린, 자연사 일러스트의 선구자 마리아 지빌라 메리안의 작품을 만나길 오래도록 기다려 왔다. 현대에 과학 일러스트는 사진으로 대체 가능한 이미지라거나 과학 연구의 필수가 아닌 선택적 기록물이라는 오해를 받곤 한다. 나는 이 책이 과학 일러스트를 향한 오해와 편견을 무참히 깰 수 있을 거라 믿는다. 아름답다거나 정확하다는 수식어로는 한참 부족한, 자연의 생동감이 그대로 느껴지는 그의 작품을 통해 저 먼 수리남 열대우림 속 생물들의 삶을 코앞에서 관찰하는 기쁨을 누릴 수 있을 것이다.

_이소영 (식물세밀화가, 《식물과 나》 저자)

마리아 지빌라 메리안이 활동하던 시대에 여성 화가들은 소재만이 아니라 재료 사용에 있어서도 제약이 따랐다. 남성 중심의 길드 체제는 여성 화가들이 역사화에 참여하거나 유화를 다루는 것을 권하지 않았다. 세밀화처럼 작고 섬세한 작업은 덜 중요한 예술로 여겨졌지만, 오히려 이러한 통념적 위계에 개의치 않고 독보적인 세계를 만드는 작가가 있다. 《수리남 곤충의 변태》는 식물학자이며 곤충학자인 메리안의 끈질긴 관찰력, 화가로서 집요한 표현력, 탐험가로서 용감한 모험심이 집약된 역사적인 결과물이다. 작은 세밀화의 넓은 세계를 경험할 수 있을 것이다.

_이라영 (예술사회학 연구자, 《말을 부수는 말》 저자)

서문

마리아 지빌라 메리안이
독자에게

나는 어린 시절부터 곤충 연구에 매진했다. 처음에는 고향인 프랑크푸르트암마인에서 누에고치에 관심을 두었는데, 이후 누에고치보다는 다른 애벌레에서 훨씬 더 아름다운 나비와 나방이 나온다는 사실을 알게 되었다. 그러하기에 찾을 수 있는 모든 애벌레를 모아 그 변화를 관찰하고 싶었다. 나는 다른 사람과의 만남도 멀리하고 연구에 몰두했다. 그것들을 살아 있는 모습으로 그릴 요량으로 회화 기량을 쌓았고, 초기에는 프랑크푸르트에서, 이후에는 뉘른베르크에서 발견한 곤충들을 모두 양피지에 아주 세밀하게 그렸다. 몇몇 애호가들이 우연히 내 그림에 관심을 보였는데, 그들은 호기심 많은 자연 연구자들의 고찰과 즐거움을 위해 나의 곤충 관찰 작업을 출판하라고 강력하게 권유했다. 이에 설득되어 나는 그림을 손수 동판에 새겼고, 1권을 1679년에 4절판으로, 2권을 1683년에 출판했다.[1]

이후에 나는 프리슬란트로 그리고 홀란트로 갔고,[2] 그곳에서 곤충 연구를 이어 나갔다. 특히 프리슬란트에서 연구를 많이 했는데, 홀란트에는 무엇보다도 황야와 이탄泥炭 채굴지가 없어서 타 지방에 비해 연구할 기회가 적었기 때문이다. 몇몇 애호가들은 내가 곤충의 변태를 계속 연구할 수 있도록 애벌레들을 가져다주어서 나의 부족함을 많이 채워 주었다. 그렇게 나는 관찰 대상을 더 많이 수집하여, 앞서 나온 두 권의 책을 보완하는 작업을 할 수 있었다. 한편 홀란트에서 나는 동인도와 서인도에서 가져온 아름다운 동물들을 경이롭게 접했다. 특히 **암스테르담 시장**이자 **동인도회사의 관리자**이신 니콜라스 비천 각하와 암스테르담시의 비서이신 요나스 비천 귀하의 귀한 소장품을 볼 수 있어서 영광이었다.[3] 그 밖에 **해부학 및 식물학 교수**인 프레데릭 라위스, 레비뉘스 빈센트를 비롯한 여러 사람들의 소장품도 살펴보았다.[4] 이들의 진품실珍品室에서 이 책에 실린 곤충들과 수많은 다른 곤충들을 관찰했다. 하지만 이들의 기원과 생식, 다시 말해 어떻게 애벌레에서 번데기가 되고 나아가 성충으로 변태하는지에 대한 설명은 찾아볼 수 없었다.

나는 계속해서 곤충을 관찰하기 위해 비용이 많이 드는 대장정에 올라 아메리카의 수리남으로 향하게 되었다(무덥고 습한 나라로, 위에 언급한 분들이 여러 곤충을 얻게 된 곳이다). 더욱 정확한 연구를 위해 1699년 6월 수리남으로 항해하여 1701년 6월까지 머물렀고, 길을 떠나 9월 23일에 귀환했다. 수리남에서 나는 살아 있는 곤충들을 관찰한 뒤 양피지에 60점의 그림을 세밀하게 그렸으며, 이는 곤충 표본과 함께 우리 집에서 볼 수 있다. 그 나라는 내 예상과 달리 곤충을 관찰하기에 적합하지 않았다. 무더워서 그 열기에 적응하기 어려웠기 때문이다. 그래서 생각했던 것보다 일찍 돌아올 수밖에 없었다.

네덜란드로 돌아온 뒤 몇몇 애호가들이 내 그림을 보고, 아메리카에서 그린 작품으로 최초이자 가장 탁월한 것이라고 평하면서 강력하게 출판을 권유했다. 처음에는 이 책을 만드는 데 드는 비용에 놀라 단념했으나, 결국 제작을 결심했다. 이 책은 60점의 동판화로 구성되어 있는데, 90여 가지의 애벌레, 굼벵이, 구더기를 관찰한 내용과, 이들이 어떻게 탈피하여 색깔과 형태가 변하며 종국에는 나비, 나방, 딱정벌레, 벌, 파리로 변하는지가 담겨 있다. 이 모든 곤충들은 그것들이 먹이로 하는 바로 그 식물의 꽃, 열매 등에 배치했다. 또한 서인도의 거미, 개미, 뱀, 도마뱀, 신기한 두꺼비, 개구리의 생식에 관한 내용도 추가했다. 인디언들의 증언을 몇 가지 덧붙인 것을 제외하고는, 모두 아메리카에서 내가 직접 살아 있는 모습을 관찰하고 그린 것이다.

이 책을 내면서 이윤을 추구하지 않았으며, 그저 내가 들인 비용만 회수하면 족하다. 나는 이 책의 제작비를 따로 마련해 두지 않았으나, 저명한 대가들에게 동판화 제작을 맡겼으며 가장 좋은 종이를 사용했다. 그리하여 곤충 및 식물 애호가뿐만 아니라 예술품 감식가에게도 즐거움과 만족을 선사하고자 했다. 내 목적이 달성되었다는 말을 들으면 기쁘고 만족스러울 것이다.

비들로 교수님의 해부학 책처럼,[5] 나는 이 책에서 그림 두 점 사이에 글을 한 면씩 배치했다. 글을 더 길게 쓸 수도 있었지만, 오늘날의 세계는 정교함을 요하고 학자들의 견해가 일치하지 않는 점을 감안하여 오직 내가 관찰한 내용을 집중적으로 기술했다. 그리하여 누구나 자신의 감각과 견해에 따라 심사숙고하여 자신이 원하는 대로 적용할 수 있는 자료들을 실었다. 이와 같은 작업은 머펫, 후다르트, 스바메르담, 블랑카르트 등이 이미 상당하게 해 놓은 바 있다.[6] 나는 모든 곤충의 첫 번째 변태 단계를 **번데기**로 표기했다. 두 번째 단계는 낮에 날아다니는 것은 **나비**로, 밤에 날아다니는 것은 **나방**으로 표기했다. 또한 구더기와 굼벵이의 성충은 **파리**와 **벌**로 표기했다.

식물의 이름은 아메리카 거주민과 인디언이 부르는 대로 표기했다. 라틴어 이름을 비롯해 그 밖의 이름은 **암스테르담 식물원 원장**이자 **레오폴디나 황립 아카데미 회원**인 카스파르 코멜린 박사께서 각 장 아래에 덧붙여 주셨다.[7]

신께서 내게 건강과 삶을 허락하신다면, 독일에서 관찰한 내용과 프리슬란트 및 홀란트에서 관찰한 내용을 한데 묶어 라틴어와 네덜란드어로 출판할 생각이다.

1 메리안의 첫 번째 곤충 서적인 《애벌레의 경이로운 변태와 독특한 꽃 먹이》*Der Raupen wunderbare Verwandelung und sonderbare Blumennahrung*를 가리키며, 두 권이 연작으로 출판되었다.

2 메리안은 1685년에 남편을 떠나 네덜란드 프리슬란트주의 비우어르트에 있던 급진적 프로테스탄트 단체인 라바디파 공동체에 들어갔다. 이후 1691년에 공동체를 떠나 네덜란드 홀란트주의 암스테르담으로 이주했다.

3 비천 집안은 암스테르담에서 무역업에 종사한 신흥 귀족으로, 시장을 비롯한 고위 관료를 여럿 배출했고 네덜란드 동인도회사 및 서인도회사에서 중책을 맡는 등 정치적·사회적으로 영향력 있는 가문이었다. 그에 걸맞게 수리남에는 비천 집안에서 경영하는 농장도 있었다.

네덜란드의 지도 제작자, 수집가, 저술가, 외교관이었던 니콜라스 비천 Nicolaes Witsen (1641~1717)은 1682년부터 1706년까지 열세 차례 암스테르담 시장을 역임했고, 1693년부터 네덜란드 동인도회사의 관리자를 지냈다. 그는 암스테르담 운하 근방에 있는 자택 안에 진품실을 만든 뒤 각지에서 수집한 것들을 모아 두었다. 메리안은 라바디파 신도들을 통해 니콜라스 비천을 소개받았고, 그는 메리안에게 암스테르담 생활을 제안했다. 비천의 도움으로 메리안은 암스테르담의 지식인들과 교류했으며, 그의 소장품도 자유롭게 살펴볼 수 있었다.

니콜라스 비천의 조카인 요나스 비천 Jonas Witsen (1676~1715)은 1693년부터 1712년까지 암스테르담에서 고위 관료를 지냈으며, 메리안이 수리남에 가서 그림을 그리도록 독려한 인물이다. 그의 집에도 진품실이 있었으며, 렘브란트, 가브리엘 메취, 얀 스테인 등 당대 화가들의 작품도 수집하여 보관했다.

4 프레데릭 라위스 Frederik Ruysch (1638~1731)는 훌륭한 진품실을 보유한 것으로 잘 알려진 네덜란드의 해부학자이자 식물학자로, 암스테르담 식물원 교수를 지냈다. 그의 딸 라헐과 아나는 메리안의 제자였다.

네덜란드의 고급 직물 상인이자 디자이너였던 레비뉘스 빈센트 Levinus Vincent (1658~1727)의 진품실은 러시아의 표트르대제, 스페인의 카를로스 3세가 방문할 만큼 유명했다. '자연의 경이로움 Wondertoneel der Nature'이라는 이름이 붙은 이 진품실에 동물 표본 및 예술품을 보관했으며, 1719년부터는 메리안이 수리남에서 가져온 동식물 표본과 그녀의 그림도 전시된다. 빈센트는 여성들에게 진품실을 개방하여 대학 교육이 거의 허용되지 않던 당대 여성들이 지적 탐구를 할 수 있는 기회를 제공했다.

5 호버르트 비들로 Govert Bidloo (1649~1713)는 네덜란드의 외과 의사, 해부학자, 시인, 극작가이다. 프레데릭 라위스의 제자로 레이던 대학교 해부학 및 의학 교수를 지냈고, 네덜란드 공화국 통령이자 잉글랜드 왕이었던 빌럼 3세의 주치의였다. 이 글에서 언급한 '해부학 책'은 《인간 신체 해부》*Anatomia Humani Corporis* (1685)로, 비들로의 지인이자 화가인 헤라르트 더 레레서 Gerard de Lairesse가 그린 105점의 동판화가 함께 수록되어 있다. 지문을 이용한 법의학적 식별의 토대를 마련한 책으로도 유명하다.

6 여기 언급된 이들은 당대에 네덜란드를 비롯한 유럽에서 잘 알려진 곤충 연구자들이다. 토머스 머펫 Thomas Muffet (1553~1604)은 영국의 박물학자이자 외과 의사다. 그의 사후에 출간된 곤충 개론서 《곤충 혹은 더 작은 생물들의 극장》*Insectorum sive Minimorum Animalium Theatrum* (1634)은 유럽에서 널리 읽혔다. 네덜란드의 곤충학자이자 화가인 요하너스 후다르트 Johannes Goedaert (1617~1668)는 《자연의 변태》*Metamorphosis Naturalis* (1660~1669, 총 3권)를 펴내면서 큰 성공을 거두었는데, 이 책을 통해 당대에 곤충에 대한 관심이 급격히 늘어나게 된다. 책에는 후다르트가 직접 곤충을 기르고 관찰한 뒤 묘사한 그림과 설명을 담았으며, 애벌레와 성충을 다루었으나 메리안과 달리 알과 번데기, 먹이식물은 다루지 않았다.

이 시기에 암스테르담은 상업, 산업, 금융의 수도이자 자유로운 사상이 꽃피는 도시였다. 프랑스의 철학자 르네 데카르트 René Descartes (1596~1650)는 네덜란드로 이주하여 20여 년을 지냈고, 자신의 주요 작품 대부분을 암스테르담에서 집필했다. 네덜란드의 과학자들은 그의 책, 특히 학문에서의 진리를 추구한 《방법서설》의 영향을 많이 받게 된다. 얀 스바메르담 Jan Swammerdam (1637~1680)과 스테번 블랑카르트 Steven Blankaart (1650~1704) 역시 그러한 연구자였다. 스바메르담은 자신이 개발한 현미경으로 곤충을 연구한 생물학자로, 곤충이 알, 애벌레, 번데기, 성충의 네 단계 변태를 거친다는 점을 밝혀낸 뒤 《곤충의 일반사》 Historia Insectorum Generalis (1669)를 집필했다. 이 책은 당대 곤충학의 가장 훌륭한 결과물로 평가받았다. 블랑카르트는 외과 의사였는데, 심리학 psychology 이라는 용어를 처음 만든 인물이기도 하다. 그는 후다르트처럼 곤충을 직접 길러서 그 변태를 관찰한 뒤 글과 그림으로 기록했다. 저서로는 《애벌레, 굼벵이, 구더기, 그리고 거기서 나오는 날아다니는 생물의 대극장》 Schou-burg der rupsen, wormen, ma'den, en vliegende dierkens daar uit voortkomende (1688)이 있다.

7 암스테르담 식물원 Hortus Botanicus Amsterdam 은 1638년에 설립된 약용식물원 Hortus Medicus 을 전신으로 하여 1682년 얀 코멜린 Jan Commelin (1629~1692)과 요안 하위데코퍼르 Joan Huydecoper (1625~1704)가 설립한 식물원이다. 설립자 중 한 사람인 얀 코멜린이 사망하자 그의 조카이자 식물학자인 카스파르 코멜린 Caspar Commelin (1668~1731)이 1696년부터 식물원 원장을 지내며 큰아버지의 학문적 유산을 이어 나갔다. 그는 메리안이 암스테르담에 거주하던 시기에 긴밀하게 교류했으며, 그 덕분에 메리안은 암스테르담 식물원에 자유롭게 드나들 수 있었다.

카스파르 코멜린이 회원으로 있던 레오폴디나 황립 아카데미는 독일의 가장 오래된 과학 아카데미로 이학과 의·약학 연구가 잘 알려져 있었다. 이곳은 1652년 독일 슈바인푸르트시에 '자연에 대한 탐구 아카데미 Academia Naturae Curiosorum'라는 이름으로 설립되었고, 이후 레오폴드 1세가 승인하여 '레오폴디나'라는 통칭이 부여되었으며, 독일 레오폴디나 한림원 Deutsche Akademie der Naturforscher Leopoldina 으로 지금까지 그 명맥이 이어지고 있다.

이 세계에 머무르지 않고
저 세계를 탐험하는 여행자

이 책의 제목을 처음 접했을 때 강렬한 인상을 받았다. '수리남'과 '곤충'과 '변태'라는 단어의 조합이 생경하면서도 호기심을 불러일으켰다. 제목만큼이나 저자도 수수께끼 같았다. 화가인지 과학자인지 모호했고, 후자라면 식물학자인지 곤충학자인지 아리송했다.

그래도 이 아름답고 특별한 책을 탄생시킨 17세기 암스테르담이라면 전혀 낯선 세계는 아니었다. 80년전쟁을 치르며 스페인에서 독립한 신생 공화국 네덜란드의 가장 큰 도시로 종교의 자유와 관용 정신이 넘치던 곳. 식민지에서 들여온 온갖 진귀한 물건들로 진품실을 채우려 하면서 예술을 애호하고 과학을 취미 삼던 이들이 자리하던 그곳. 《수리남 곤충의 변태》는 네덜란드 황금시대의 끝자락에 독일 출신의 한 여성이 딸과 함께 수리남에서 곤충을 관찰한 결과를 담아 펴낸 책이다.

우리에게 '수리남'은 열대 우림의 저 먼 곳이지만, 네덜란드에서는 꽤 친숙한 편이다. 남아메리카의 북쪽에서 대서양을 접하고 있는 이 나라는 1975년 독립국이 되기 전까지 300여 년 동안 네덜란드가 차지했던 땅으로, 한국전쟁 때는 수리남 군인들이 네덜란드 국적으로 참전하기도 했다. 지금도 네덜란드어를 쓴다. 17세기에 수리남에는 스페인, 영국, 포르투갈과 같은 열강들이 앞 다투어 들어와 아프리카에서 노예들을 이주시키며 정착지를 건설했다. 최종적으로는 네덜란드가 수리남을 차지하게 되었으니, 1667년 영국과 네덜란드 사이에 맺은 브레다조약에 의해서였다. 이 조약으로 네덜란드는 훗날 뉴욕이 된 니우 암스테르담을 영국에게 주고서 수리남을 얻었다.

책은 60개의 동판화와 네덜란드어 텍스트로 구성된 2절판이다. 국제 시장용으로 라틴어판도 제작되었다. 암스테르담에서 자연 애호가 및 연구자를 대상으로 펴낸 책이기에 메리안의 모국어는 독일어였지만 네덜란드어로 이 책을 출판했다. 어린 시절부터 네덜란드어를 접했을 두 딸 중에 누군가가 번역을 도와주었을 수도 있고, 메리안이 암스테르담의 지식인들과 교류한 정황을 보면 그녀가 네덜란드어를 충분히 구사했을지도 모른다. 크고 화려한 이 책에 메리안은 직접 관찰한 동식물을 실제 크기로 화폭에 옮겨 놓았다. 식물과 곤충이 어우러져 있는데, 제목에서 짐작할 수 있듯이 주인공은 곤충이다.

'변태 metamorphoses'는 로마의 시인 오비디우스가 쓴 《변신 이야기》*Metamorphōseōn librī*에 등장하는 단어다. 변화 meta와 형태 morphe, 즉 '변신'이라는 주제를 놓고 쓴 이 신화적인 이야기 모음집은 서양 문학을 비롯한 예술에 큰 영향을 미쳤다. 그리고 17세기의 생물학자와 박물학자들은 곤충이 알에서 성충으로 탈바꿈하는 과정을 설명하는 데 이 단어를 사용했다. 이때까지 곤충은 부패물에서 생겨난다는 아리스토텔레스의 자연발생설이 별 의심 없이 받아들여졌기에, 사람들은 애벌레와 성충이 같은 생물이라고 생각하지 않았다. 그런데 애벌레, 번데기, 성충이 단일 개체의 발달 단계라고 주장하는 과학자들이 등장하기 시작했다. 대표적인 인물이 이 책의 서문에도 언급되는 네덜란드의 박물학자이자 곤충학자 요하너스 후다르트와 얀 스바메르담이다. 두 과학자 모두 메리안과 동시대를 살았고, 메리안이 암스테르담에서 교류하던 지식인들과도 연결되어 있었다. 1662년 후다르트는 곤충을 직접 기르고 관찰하여 《자연의 변태》를 출판했는데, 애벌레와 성충을 묘사하며 곤충의 변태를 담아냈다. 메리안은 이 학자들의 연구에 주목했다. 거기서 더 나아가 곤충의 알, 애벌레, 번데기, 성충을 비롯해 먹이식물까지 포함하여 곤충의 변태 과정을 한 장의 그림에 담았다.

프랑크푸르트에서의 어린 시절

마리아 지빌라 메리안은 유럽의 30년전쟁이 끝나 갈 무렵인 1647년 4월 2일 프랑크푸르트암마인에서 태어났다. 바젤 출신인 아버지 마테우스 메리안 Matthaeus Merian the Elder (1593~1650)은 취리히에서 판각을 배운 사람이었다. 프랑크푸르트는 구텐베르크의 도시 마인츠에서 멀지 않은 곳으로, 지금은 세계 최대의 도서전이 열리는 도시로 잘 알려져 있는데 당시에도 유럽 각지에서 책을 사고팔려는 사람들이 모여드는 출판·인쇄업의 중심 도시였다. 아버지 메리안은 프랑크푸르트로 이주하여 출판사에서 일하면서 출판사 주인의 딸과 결혼했고, 장인의 출판사를 물려받아 두 아들 마테우스 메리안 2세, 카스파어 메리안과 함께 꾸려 나갔다. 마리아는 아버지의 두 번째 아내인 요하나 지빌라 하임 Johanna Sibylla Heim과의 사이에서 태어났는데, 아버지가 쉰네 살에 얻은 늦둥이였다.

마리아가 세 살 때 아버지는 세상을 떠났고, 어머니는 이듬해 재혼했다. 새아버지 야코프 마렐 Jacob Marrel (1614~1681)은 꽃 정물화가였다. 프랑크푸르트에서 정물화가 게오르그 플레겔에게 그림을 배웠으며, 열아홉 살에 네덜란드의 위트레흐트로 옮겨 가 당대에 렘브란트와 루벤스만큼이나 인기 있던 얀 데 헤엠에게 꽃 정물화를 배운 사람이었다. 마렐은 1650년에 아내를 잃고 아이들과 함께 프랑크푸르트로 돌아와 공방을 연 참이었다.

마리아의 어머니는 왈롱 지방에서 프랑크푸르트 인근의 하나우로 이주한 집안 출신이니, 마리아는 꽤 코스모폴리탄적인 배경에서 성장한 셈이다. 그리고 예술과 출판을 가업으로 하는 환경이었다. 마리아는 새아버지 마렐에게 염료를 갈고 캔버스와 양피지를 다루면

† 메리안의 새아버지 야코프 마렐의 1669년작
  〈난간 위에 놓인, 뒤집힌 꽃병〉

† 이복 오빠 카스파어 메리안이 1658년에 제작한, 신성로마제국의 황제 레오폴드 1세의 대관식 연회 장면.
  메리안의 화풍은 가족을 비롯하여 당대 유럽에서 꽃핀 미술의 전통 아래서 발현된 것이었다.

서 채색하는 법을 배웠다. 주로 수채화를 배웠는데, 당시 독일의 화가 길드에서는 아직 여성이 그린 유화 판매를 허용하지 않았기 때문이었을 것이다. 어린 마리아는 이복 오빠인 마테우스와 카스파어가 아버지의 일을 물려받아 꾸려 가던 공방에 드나들고는 했다. 오빠 마테우스는 신분이 높은 사람들의 초상화를 그렸고, 당대의 예술가들과 국제적인 교류도 하고 있었다. 카스파어는 동판 제작에 뛰어났다. 1658년 마리아가 열한 살 때는 카스파어가 큰 주문을 받았다. 프랑크푸르트는 신성로마제국의 황제 선거가 열리는 도시 중 하나였는데, 레오폴드 1세가 황제로 선출된 뒤 열린 대관식을 동판화로 묘사하는 일이 그에게 주어졌다. 마리아는 오빠 카스파어가 이 작업을 하는 과정을 지켜보았을 것이다.

열세 살의 마리아는 곤충을 관찰하는 취미를 더욱 발전시켜 나간다. 프랑크푸르트의 주요 산업에는 양잠업도 있었다. 새아버지 마렐의 형제가 비단상이었으니 누에를 구하기는 어렵지 않았을 것이다. 마리아는 누에로 시작하여 곤충을 키우고 관찰한 뒤 이를 기록하고 그림을 그렸다.

새아버지 마렐에게는 마리아 말고도 다른 제자가 있었는데, 바로 뉘른베르크 출신의 요한 안드레아스 그라프 Johann Andreas Graff (1637~1701)다. 그라프는 건축물을 주로 그렸고, 이탈리아 여행을 다녀와서 열 살 아래의 마리아와 결혼했다.

남편의 고향 뉘른베르크에서

메리안과 그라프 부부는 첫딸 요하나 헬레나가 태어난 후 그라프의 고향인 뉘른베르크로 이사했다. 메리안은 프랑크푸르트에서 그랬듯이 부유한 상인이나 귀족 집안의 딸들에게 그림과 자수를 가르쳤다. 스물여덟 살에는 첫 화집을 낸다. 꽃을 주인공으로 한 이 채색 동판화집 《꽃 그림책》Blumenbuch은 몇 해에 걸쳐 세 권으로 나뉘어 출간되었다. 자수를 놓거나 꽃 정물화를 그릴 때 교본으로 삼을 만한 작품집이었고, 곤충은 장식용으로 곁들여 있었다.

뉘른베르크에는 메리안이 이복 오빠들을 통해 알게 된 중요한 인물이 있었는데, 바로 요아힘 폰 잔드라르트 Joachim von Sandrart다. 잔드라르트는 프랑크푸르트에서 태어나 암스테르담에서 활동한 화가이자 미술사가로 오빠 마테우스와 절친한 사이였다. 그가 암스테르담에서 활동할 때 그린 대형 집단 초상화 〈코르넬리스 비커 대장의 자경대〉는 지금 암스테르담국립미술관에 렘브란트의 자경대 집단 초상화인 〈야경〉과 나란히 걸려 있다. 잔드라르트는 뉘른베르크에서 책을 쓰며 여생을 보내던 중에 메리안을 만난 것이었다. 그는 독일의 예술가들을 총망라하여 《독일 아카데미》Teutsche Academie(1675)라는 책을 펴냈고, 메리안을 기록으로 남긴 첫 번째 인물이 되었다.

뉘른베르크의 집은 나비, 딱정벌레, 파리, 구더기를 키우는 선반으로 채워졌다. 알부터 애벌레 단계를 지나 나비로 키워 내는 과정은 결코 만만치 않았을 것이다. 하지만 애벌레들

†

메리안이 뉘른베르크에 거주하던 시절 펴낸 책,
《새로운 꽃 그림책》(위)과 《애벌레의 경이로운 변태와 독특한 꽃 먹이》 1권(아래)의 표제지.

에게 마땅한 먹이를 찾아내고 트레이를 꼼꼼히 관리하면서 그 관찰을 기록하고 그림을 그리는 일은 메리안이 평생에 걸쳐 놓지 않은 작업이었다.

메리안은 《꽃 그림책》 1권을 펴낸 지 2년이 지나고서 2권을 출간했는데, 다시 2년 뒤에는 3부작을 완성하는 3권에 앞서 애벌레에 관한 책을 먼저 내놓았다. 1679년에 《애벌레의 경이로운 변태와 독특한 꽃 먹이》(이하 《애벌레》) 1권을 펴내며 서문에 쓰기를, 1674년에 곤충의 변태에 대한 관심을 진지하게 파고들겠다는 결심을 했다고 밝혔다. 메리안이 펴낸 첫 번째 '과학서'이자 본격적인 곤충 연구의 서막을 알린 책이었다.

그러는 동안 메리안은 갓난아이를 돌보는 엄마이기도 했다. 《애벌레》 책이 나오기 한 해 전인 1678년에, 그러니까 첫딸을 출산한 지 10년이 지난 서른한 살에 둘째 딸 도로테아 마리아를 낳았다. 1675년부터 1680년 사이는 메리안에게 왕성한 생산의 시기였다. 《꽃 그림책》 세 권을 출간하고서 이를 묶어 《새로운 꽃 그림책》Neues Blumenbuch을 펴냈고, 《애벌레》 1권을 냈으며, 둘째 아이까지 출산한 것이다.

이후로 메리안의 가정사는 순탄하지 않았다. 새아버지 마렐이 사망하여 다시 혼자가 된 어머니가 곤경에 처하자 메리안이 두 딸을 데리고 어머니가 있는 프랑크푸르트로 돌아간 것이다. 어머니는 새아버지가 남긴 유산을 둘러싼 분쟁에 휘말려 있었다. 메리안은 어머니를 위해 재산 분배 소송을 진행하며 남편이 있는 뉘른베르크로 돌아가지 않았다. 급기야 남편이 프랑크푸르트로 와서 함께 살았고, 그 와중에 1683년 《애벌레》 2권을 펴냈다. 노모, 두 딸, 그리고 사이가 좋지 않은 남편과 함께 살아가던 서른여덟 살의 메리안은 이복 오빠 카스파어와 주고받던 편지에서 삶의 다른 방향을 찾게 된다.

비우어르트의 라바디파 공동체에서

1685년 말쯤, 메리안은 두 딸과 어머니를 데리고 길을 떠났다. 딸들은 각각 열일곱 살, 일곱 살이었다. 이 3대 모녀가 그라프를 따라 뉘른베르크로 돌아가는 대신, 마차와 보트를 타고 간 곳은 네덜란드 프리슬란트주의 비우어르트라는 작은 마을이었다. 이곳에서 이들은 라바디파의 신도인 '라바디스트'가 되어 살았다. 라바디파는 장 드 라바디Jean de Labadie (1610~1674)의 가르침을 따른 개신교 종파인데, 그 추종자들은 네덜란드 북쪽의 이 마을에서 공동체를 이루어 살고 있었다.

라바디는 본디 프랑스에서 예수회 사제였으나 일찍이 가톨릭교회를 떠났고 이후에는 칼뱅주의로 개종했다. 그리고 1666년에 네덜란드로 가서 개혁 교회 전도사로 살아가던 중 자신의 종파를 세운다. 어지럽고 부패한 세상과 거리를 두면서 경건하고 단순한 삶을 추구한다는 가르침을 따라 암스테르담에서 공동생활을 하던 라바디 추종자들은 독일, 덴마크 등지로 옮겨가며 방랑하다가 라바디가 사망한 후 비우어르트에 정착했다. 메리안의 이복 오빠인 카스파어는 이미 그곳에서 몇 해째 생활하며 메리안과 편지를 주고받고 있었다. 메리안은 그곳의 생활에 관해 카스파어로부터 전해 들었을 것이다. 공동체는 마을의 바로 바깥에 있었는데, 발타 성Walta Castle이라고 부르는 곳이었다.

　　메리안의 아버지 마테우스는 칼뱅파의 중심지인 바젤 출신으로 칼뱅주의자였으나, 프랑크푸르트는 루터파의 중심지였기에 메리안의 형제들은 루터교의 세례를 받았다. 메리안 역시 루터 교회에서 결혼식을 치렀으나 이제 개종을 한 것이다. 남편을 떠나기 위한 방편이었을까? 고단한 삶의 은신처가 필요했을까? 어쩌면 오빠 카스파어가 전해 주는 라바디파의 믿음에 크게 동조해서였는지도 모른다. 종교개혁과 30년전쟁을 지나온 당시 독일과 네덜란드 지역은 루터파나 칼뱅파와 같은 신교가 지배적이었는데, 두 종파 모두 '남녀는 평등하다'고 내세웠다. 그렇다고는 해도 종교개혁이 여성의 인권이나 사회적 지위를 대번에 남성과 동등하게 만들어 주지는 않았다. 결혼을 긍정적으로 평가하는 면이 강화되어 여성이 가부장제의 틀 안에서 오히려 더 위축되는 측면도 있었다. 한편 라바디파는 여성과 남성이 영성적으로 평등하므로, 여성도 영적으로 성숙하는 데 동등한 기회를 가져야 한다고 믿었다. 당시의 가부장적 사회구조에도 반대하여 여성이 공동체에서 활발하게 활동해야 한다는 교리를 내세웠다. 메리안은 다섯 해 동안 이 라바디파 공동체 안에서 새로운 삶을 준비하며 번데기 같은 시간을 보냈다. 일종의 수도원과도 같은 이곳에 들어가면서 메리안은 남편을 떠날 수 있었고, 가족을 부양해야 하는 짐을 덜었을 뿐만 아니라 라바디파의 가르침 자체에 매료되기도 했다. 재능 있는 한 인간으로서 공동체 생활을 할 수 있었던 것이다.

　　결혼에 대한 라바디파의 덕목은 상당히 특별했다. 그들은 당시의 일반적인 결혼 제도를 인정하기보다는, 결혼이란 자신들의 공동체 안에서 축하받으며 이루어지는 일이라고 보았다. 이혼은 배우자가 라바디스트가 아니거나 라바디스트가 될 의사가 없는 경우라면 허용되었다. 메리안의 남편 그라프는 비우어르트를 찾아와 몇 주를 머물면서 메리안과 딸들에게 뉘른베르크로 돌아가자고 사정했으나 그들은 단연코 거부했다. 라바디파의 가르침에 따르면 신앙이 다른 부부는 이혼의 상태에 이른 것이므로 메리안과 그라프의 결혼은 이미 무효인 셈이었다. 그라프는 결국엔 뉘른베르크시에 이혼 서류를 제출했는데, 이혼 사유는 메리안이 자신을 떠나 라바디파 신도가 되었다는 것이었다. 1692년 이혼이 공식적으로 선언되었다. 딸들은 아버지의 성을 유지했지만, 메리안은 남편의 성을 버렸다. 그라프는 1701년 뉘른베르크에서 사망했다.

　　비우어르트에서는 남성이나 여성이나 자신의 영적인 삶을 꾸려 나가도록 권장되었고, 연구 활동 또한 계속할 수 있는 분위기였다. 이 라바디파 공동체에서는 17세기 가장 지적인 여성이라고 하는 안나 마리아 판 스휘르만Anna Maria van Schurman(1607~1678)이 연구 작업을 했다. 스휘르만은 네덜란드 최초의 여자 대학생으로, 언어학·신학·문학·의학·수학·천문학 등에 조예가 깊은 인문학자이자 여성주의자였고 초상화에 뛰어난 화가이기도 했다. 그녀는 남학생들만 있는 위트레흐트 대학 강의실에서 커튼 뒤에 앉아 강의를 들었으며, 위트레흐트의 화가 조합인 성 루카스 길드의 명예 회원이었다. 메리안이 비우어르트에 갔을 때는 애석하게도 이미 일곱 해 전에 사망하여 묘지에 잠들어 있었으나 그 영향력은 여전히 남아 있었다.

여성이 공부하고 연구를 해 나갈 권리를 주장하는 열렬한 옹호자가 있던 환경에서 메리안은 자신의 작업을 계속해 나갔다. 캔버스에 그림을 그리거나 동판화를 새기고 곤충 표본을 만들기도 했다. 그리고 그곳에서 수리남과 열대 곤충들을 만났다. 발타 성을 라바디파 공동체에 기부한 세 자매의 오빠였던 코르넬리스 판 소멜스데이크는 1683년부터 수리남 총독으로 있으면서 여동생들에게 토산물을 보내왔는데, 여기에는 곤충의 표본도 포함되어 있었다. 진기한 물품을 수집하는 풍습은 라바디파 신도들도 비껴가지 않아서, 팔고 남은 표본은 성에 마련된 전시실에 보관했다. 메리안은 그 표본들을 스케치하면서, 생생하게 살아 있는 곤충을 그리고 싶다는 열망을 키워 나갔을 것이다.

발타 성의 공동체는 부유한 귀족 회원들의 성금으로 유지되었다. 하지만 시대가 변하고 있었다. 회원들은 들락날락했고 부유한 여성들의 가입이 늘지 않아 재정적으로 어려움을 겪으면서 공동체는 서서히 와해되고 있었다. 회원이라면 누구나 자신의 수입을 만들어 내야 했다. 메리안도 자신의 꽃 그림들을 공동체를 위해 내놓았을 것이다. 1686년 봄 카스파어가 사망하고, 1690년에는 어머니가 사망했다. 메리안은 딸들과 함께 비우어르트를 떠나 암스테르담에서 새로운 생활을 하기로 결심한다.

자유의 공기가 가득하던 암스테르담에서

1691년 마흔네 살의 메리안은 다섯 해 동안의 공동체 생활을 뒤로한 채 두 딸과 암스테르담행 마차에 올랐다. 큰딸 요하나의 약혼자 야코프 헤롤트도 함께였다. 헤롤트는 수리남과 무역 일을 할 생각이었는데, 그러자면 암스테르담이 적격이었다.

암스테르담은 전 세계 상인들이 우글거리는 도시, 온갖 진귀품을 사고파는 곳이었다. 아시아·아프리카·아메리카에서 진귀품을 실은 배들이 들어오는 이 항구는 인구가 20만 명에 달하는, 런던과 파리에 이어 유럽에서 세 번째로 큰 도시였다. 수집가, 자연과학자, 예술 애호가, 그리고 부유한 고객을 찾는 사람이라면 암스테르담으로 가야 했다. 보통 사람의 집에 그림 한두 점은 걸려 있으며 진품실을 갖추는 것이 교양인 도시, 다른 나라에서는 아직도 마녀재판으로 여자들이 화형을 당하던 시절에 여자들도 글을 읽고 그림을 그리며 화가로 활동하는 도시. 데카르트가 '이곳처럼 완전한 자유를 누릴 수 있는 곳이 있을까' 하고 감탄했던 곳이자 동인도회사와 서인도회사가 이국에서 보내온 식물들을 관찰할 수 있는 식물원이 있는 도시. 두 딸을 둔 독일인 이혼녀 메리안은 이곳에서 새로운 생활을 시작한다.

메리안은 암스테르담의 케르크스트라트Kerkstraat에 거처를 마련했다. 16세기 말에 3만 명 정도였던 암스테르담의 인구는 17세기 전반에 10만여 명으로 폭증했고, 메리안이 암스테르담에 살기 시작한 17세기 말에는 그 두 배에 이르렀다. 암스테르담은 운하를 여럿 건

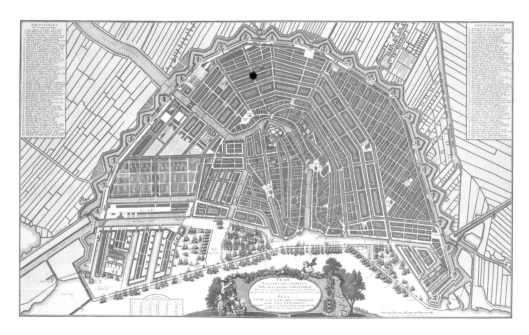

† 요하네스 코번스와 코르넬리스 모르티르가 1725년경에 제작한 암스테르담 지도.
　지도에 ●로 표시한 곳이 메리안의 집이 있던 케르크스트라스이다.

† 레비뉘스 빈센트가 자신의 진품실 소장품 카탈로그로 제작한 책《자연의 경이로움》(1715)에 수록된 삽화.
　당시 암스테르담에서 매우 유명한 진품실이었으며 메리안도 이곳을 드나들었다.

설하며 도시를 확장해 나갔는데, 메리안이 살던 케르크스트라트는 그 운하들 사이에 조성된 신거주지에 있었다.

암스테르담에 온 이듬해에는 맏딸 요하나와 헤롤트가 부부가 되었다. 요하나는 어릴 적부터 어머니에게 그림을 배워 메리안의 공방에서 그림을 그렸고, 둘째 딸 도로테아도 어머니 일을 거들었다. 요하나의 신혼집 주소인 페이셀스트라트Vijselstraat, 이후 도로테아의 신혼집 주소인 스피헬스트라트Spiegelstraat의 위치를 함께 놓고 보면, 세 모녀는 암스테르담의 운하변 새 동네에서 아주 가까운 거리에 살았음을 알 수 있다.

메리안은 프랑크푸르트와 뉘른베르크에서 그랬듯이 그림 교습을 하면서 그림을 그리기 시작했다. 요하나도 주문을 받아 자신의 꽃 그림을 제작해 판매했으며, 암스테르담 식물원의 이국적이고 희귀한 식물들을 수채화로 그리는 화가로 고용되기도 했다. 1711년에 요하나는 수리남과 무역을 하던 남편과 함께 수리남으로 영구 이주했다.

메리안이 암스테르담에서 교류한 지식인 중에 가장 영향력 있는 인사를 꼽으라면 니콜라스 비천일 것이다. 비천은 암스테르담의 시장이자 동인도회사의 관리자이며 지도 제작자이자 저술가이기도 했는데, 메리안은 이 책의 서문에서 그의 진품실을 출입할 수 있었던 것을 따로 언급했다. 메리안은 프레데릭 라위스의 해부학 연구실도 출입했는데, 해부학과 식물학의 권위자였던 라위스는 여러 채의 집에 다섯 개의 방을 진품실로 만들어 관람객을 받고는 했다. 메리안의 그림 제자였던 그의 딸 라헬 라위스는 훗날 네덜란드의 유명한 꽃 정물화가가 되었다. 메리안은 암스테르담 식물원 원장이었던 카스파르 코멜린 덕분에 식물원에도 자유롭게 드나들 수 있었다. 현미경 학자이자 미생물학자인 안톤 판 레이우엔훅도 메리안이 교류한 인사였다. 레이우엔훅은 델프트에 살면서 암스테르담의 비천, 라위스와 교류하는 사이였다.

암스테르담에서 메리안이 간접적으로 만난 인물로는 러시아의 표트르대제도 있었다. 1697년 표트르대제가 서유럽에 대규모 사절단을 파견했을 때 첫 방문지는 네덜란드였다. 그는 이 사절단에 가명으로 슬쩍 끼어들어 조선소에서 목수 일을 하기도 했고, 라위스 박사의 해부학 강연을 듣기도 했다. 1717년에는 암스테르담에 방문해서 소장품을 사들였는데, 거기에는 메리안의 수채화도 포함되어 있었다. 메리안의 사후에는 둘째 딸 도로테아가 표트르대제의 초청을 받아 상트페테르부르크에서 일하게 되면서 그 인연이 이어진다.

남아메리카의 수리남을 향하여

메리안은 언제부터 수리남 여행 계획을 마음에 품게 되었을까? 비우어르트 시절에는 소멜스데이크와 라바디스트들이 수리남에서 보내온 곤충이나 도마뱀 같은 열대 동물을 접했다. 암스테르담에는 동인도회사와 서인도회사가 실어오는 광물·식물 표본·박제 동물과 같은 '자연물naturalia'에 관심 있는 수집가들이 많았고 거래 시장이 형성되어 있었다. 렘브란트가 말년에 파산하는 데 한몫 거든 것도 바로 이 수집 취미였다. 메리안이 살았던 동네에서 멀지 않은 곳에 있는 렘브란트의 집에는 그의 진품실이 작은 박물관이 되어 남아 있다.

메리안은 책, 그림, 표본 등을 만들어 판매하는 것을 보며 자랐고, 프랑크푸르트와 뉘른베르크 시절부터 제자들에게 프린트와 화구를 파는 등 거래에 익숙한 사람이었다. 그녀 또한 동식물 표본을 만들고 수집하며 자신의 컬렉션을 갖추고 있었고, 암스테르담에서는 그 수집품을 확대해 나갔다. 두 딸은 메리안이 그랬듯이 부모에게 그림을 배웠고, 암스테르담에서 세 모녀는 일종의 작업 공동체를 이루고 있었다. 딸들은 어머니를 도와 곤충을 채집하여 표본을 제작했다. 큰딸 요하나는 이미 자신의 이름으로 꽃 그림을 그렸으며, 메리안 공방에서는 유명한 꽃 그림의 복제화를 만들어 팔기도 했다. 이 공방의 주인인 메리안은 본격적으로 열대 곤충의 생태를 연구하고 싶었다. 직접 수리남에 가서 자신의 눈으로 관찰한 결과를 책으로 발표하고, 거기서 수집한 표본을 전시·판매하려는 계획을 세웠다.

암스테르담 중앙역 건너편에서 니우마르크트 쪽으로 가는 입구에는 '눈물의 탑'이라는 벽돌 건물이 있다. 원래 이름은 '뾰족한 탑Schreierstoren'이지만, 바다로 떠나는 남편을 보며 여인들이 울었던 곳이라는 이야기에 힘입은 별칭이 더 널리 불린다. 눈물의 탑 벽면에는 헨리 허드슨이 1609년 이 탑을 출발해 북서항로를 찾아 지금의 뉴욕에 도착했다는 표지판이 붙어 있다. 허드슨은 동인도회사 소속의 탐험가 신분으로 네덜란드 배를 타고 암스테르담을 떠나 대서양을 건넜다. 메리안과 도로테아도 이 눈물의 탑에서 배에 올랐을 것이다. 다만 허드슨처럼 탐험선에 오른 것이 아니라 수리남을 오가는 상선에 탑승했다. 배는 벽돌, 자갈, 공구와 같은 건축 자재와 소, 가금류, 플랜테이션 거주자들을 위한 생활용품 등을 싣고 간 뒤, 주로 설탕을 싣고 돌아왔다. 메리안의 사위인 야코프 헤롤트는 파라마리보행 상선에 대해 잘 알고 있었을 테고, 메리안 일행의 여정을 챙겨 보았을 것이다. 배는 카나리아 제도에서 물품과 신선한 채소를 공급받기 위해 단 한 번만 쉬었다 갔으며, 평균 6~8주가 소요되는 여정이었다.

뱃삯과 2년간의 체류비는 적지 않은 금액이었을 것이다. 하인도 한두 명 있었던 것으로 보인다. 수리남에서는 암스테르담에서처럼 그림을 판매하기도 여의치 않았을 텐데, 메리안은 어떻게 경비를 마련했을까?

메리안의 생애를 다룬 책《나는 꽃과 나비를 그린다》의 저자 나카노 교코는 메리안이 동인도회사에 자금 원조 신청을 했지만 번번이 퇴짜를 맞다가 겨우 대출금을 받았다고 썼다. 니콜라스 비천 시장은 수리남 여행이 여성에게는 무리라는 이유로 반대했으며, 동인도회사 역시 메리안이 여성이기 때문에 자금을 전면 지원하지 않고 대출을 해주었다고 적고 있다.[1] 내털리 데이비스의《주변부의 여성들》에는, 메리안이 니콜라스 비천에게 대출을 받았다고 나와 있다.[2]

당시 네덜란드의 동인도회사와 서인도회사는 식민지에 관리들을 보낼 때 으레 과학자들을 함께 보내고는 했다. 게오르크 마르그라프나 빌럼 피스와 같은 박물학자들은 브라질에서 지형과 동식물을 연구하고 그 결과물을 책으로 발표했는데, 이들은 의사이기도 해서 네덜란드령 브라질의 총독인 요한 마우리츠의 개인 의사 자격으로 브라질에 동행했다. 한편 메리안은 아마추어 연구자였기에 수리남 총독에게 고용된 신분은 아니었다. 수리남 체류의 결과로 출간한 책 또한 순전한 학술서라기보다는 애호가들도 대상으로 한 것이었다. 메리안이 어떤 기관이나 인물로부터도 재정 원조를 받지 않았다는 사실은 이 책의 서문에서도 드러난다. 마르그라프와 피스가 《브라질 자연사》의 서문에 "저명한 요한 마우리츠의 후원과 도움을 받았다"라고 쓴 것과 달리, 메리안은 비천의 소장품들을 볼 수 있었던 것에 감사를 표할 따름이었다. 메리안은 자신의 그림을 팔고 대출을 받아 경비를 마련했고, 수리남에서 돌아오면 거기서 제작한 희귀 표본을 팔고 책을 출간해 비용을 충당할 계획이었을 것이다. 자신의 그림을 판매하고 책을 출판하며 재정적으로 자립적인 생활을 꾸려 가던 비즈니스 우먼의 면모가 느껴진다.

한편 당시 네덜란드 서인도회사는 동인도회사와 달리 재정 형편이 좋지 않았는데, 메리안이 활동하던 17세기 후반부는 전반부와 달리 이른바 황금시대가 저물어 가던 때였다. 흔히 네덜란드의 18세기는 쇠락의 세기로 알려져 있다. 요한 마우리츠가 1636년 브라질에 총독으로 갈 때 고용한 학자와 예술가만 해도 46명이었고, 마르그라프와 피스는 그 일원이었다. 반면 네덜란드가 영국과 전쟁을 치르고 양도받은 수리남의 경우에는 그 사정이 좀 달랐다. 1682년에 서인도회사가 제일란트Zeeland로부터 수리남을 사들였으나 자금이 부족하여 이듬해에 수리남의 소유권을 '수리남협회Sociëteit van Suriname'에 넘긴다. 수리남협회는 수리남 식민지를 관리하는 법인으로 서인도회사, 암스테르담시, 소멜스데이크가 각각 3분의 1씩 지분을 갖고 있었다. 소멜스데이크 역시 자금 부족으로 암스테르담 투자자들에게 돈을 빌려 지분에 대한 대가를 지불했다고 한다. 네덜란드가 동인도에 무역 기지를 건설했다면, 서인도에는 플랜테이션을 건설하고 그 자금은 노예무역을 통해 충당했다. 메리안이 "그들은 내가 그 나라에서 사탕수수가 아닌 다른 뭔가를 찾아다니는 모습을 비웃었다"(36장)라고 썼듯이, 수리남의 식민지 관리자들은 설탕 생산 말고는 관심이 없었던 것이다. 메리안이 한 세대쯤 일찍 태어났더라면, 여성이 아니었다면 사정은 달랐을까? 어쨌거나 분명한 사실은 메리안이 누구에게도 종속되지 않고 자신의 의지와 능력으로 여행하고 관찰하여 그 결과물을 세상에 내놓았다는 점이다.

1699년 4월 메리안은 유언장을 작성했다. 허드슨이 북서항로 탐험에 나선 지 90년이 지났고 그사이 네덜란드는 서인도회사를 세워 니우 암스테르담, 서인도제도 등에 식민지를 건설했지만, 수리남까지 가는 바다에는 여전히 난파나 해적과 같은 위험이 도사리고 있었다. 1699년 6월 메리안은 둘째 딸 도로테아와 함께 수리남행 평화호에 올랐다. 도로테아는 스물한 살, 마리아는 쉰두 살이었다. 요하나는 암스테르담에 남아서 애벌레를 키우며, 세 번째 《애벌레》책을 위한 자료를 수집하고 있었다.

평화호는 10월 초쯤에 수리남에 도착했다. 메리안과 도로테아는 수리남 강을 20킬로

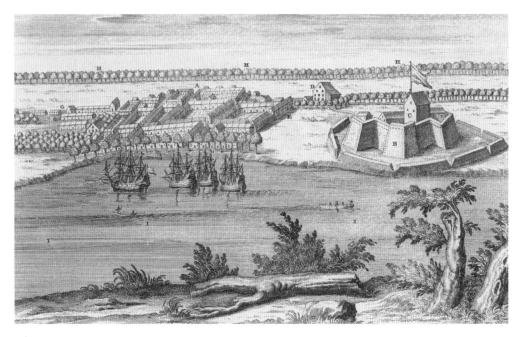

† J. D. 헤를레인의 《수리남 식민지에 대한 묘사》(1718)에 수록된, 제일란디아 요새를 묘사한 삽화(위).
디르크 팔켄뷔르흐가 요나스 비천의 의뢰를 받아 팔메니리보 농장을 그린 1707년작 〈수리남 농장〉(아래).

미터쯤 거슬러 올라가 파라마리보에 있는 작은 집에 짐을 풀었다. 동인도회사와 서인도회사는 해외에 요새나 정착지를 건설하면 네덜란드 지명을 붙이고는 했는데, 이곳에 먼저 도착했던 제일란트인들은 요새를 지은 뒤 제일란디아 요새 Fort Zeelandia 라고 불렀다. 메리안의 거처는 이 제일란디아 요새에서 가까운 곳에 있었다.

집 뒤편에는 정원이 있었고, 거기서 이 책에 등장하는 식물들이 자랐다(32장, 36장, 39장, 50장). 메리안과 도로테아는 수리남 강변의 농장들을 방문하고, 숲으로 들어가는 모험도 한다. 수리남에는 메리안의 체류를 도와줄 인맥이 여럿 있었고, 농장주들은 메리안이 방해받지 않고 자연 속에서 연구하게끔 편의를 봐 주었다. 소멜스데이크 집안, 프레덴뷔르흐 집안 등의 도움을 받았다.[3] 메리안이 방문했던 농장 중 하나인 '팔메니리보 Palmeniribo'는 수리남에서 가장 큰 규모의 설탕 생산 플랜테이션이었는데, 니콜라스 비천 시장의 조카인 요나스 비천이 이 농장의 상속녀와 결혼하여 이후 그의 소유가 된 곳이다.[4]

숲속에서 가시덤불을 헤치고 나가야 할 때는 노예들의 손을 빌렸고, 정원에 옮겨 심어 연구할 식물을 발견하면 뿌리째 캐내어 오는 일은 원주민들이 맡았다. 한 흑인 여자 노예는 아름다운 메뚜기가 나온다며 굼벵이를 가져다주었고, 거주민들에게서 빵을 굽는 재료가 되는 식물에 관한 정보를 듣고는 했다.

다시 암스테르담으로 돌아오다

수리남에서 생활한 지 2년쯤 되었을 때 모녀는 갑작스레 그 나라를 떠나야 했다. 예정보다 1년이나 빨리 네덜란드로 돌아오게 만든 원인은 메리안의 열대병이었다. 배에 실어야 할 물건들이 아주 많았다. 책을 쓰는 데 필요한 자료, 수집한 곤충의 건조 표본과 알코올 표본 등을 모두 가져와야 했다. 1701년 6월 18일, 평화호의 승선객 명단에는 메리안, 도로테아와 함께 원주민 여성 한 명이 포함되어 있었다. 이 여성은 메리안의 열대병을 치료하는 약을 다루고 간호하는 일을 했을 것이다. 또한 수리남의 자연을 잘 알아서 메리안의 작업에 도움을 준 사람이었을 것이다.

당시 유럽은 다시금 힘의 균형이 깨어져, 지금 우리가 '스페인 왕위계승전쟁'으로 알고 있는 그 전쟁이 터지기 일보 직전이었다. 전쟁의 주 무대는 지금의 벨기에 지방이어서 네덜란드는 또다시 열강들과 육상전에 전념하느라 바다를 지키는 힘은 떨어지고 있었다. 해적질도 기승을 부릴 터이니 서유럽 쪽의 바다는 다시 위험해졌다. 수리남을 오가는 상선은 스코틀랜드 쪽으로 돌아가는 항로를 택했을 것이다. 여정은 예상보다 몇 주 길어져, 이 책의 서문에 따르면 메리안은 1701년 9월 23일 암스테르담에 도착했다.

암스테르담에 돌아와서 얼마 지나지 않아 도로테아는 하이델베르크 출신의 외과 의사 필리프 헨드릭스와 결혼했다. 1707년에 헨드릭스는 사망한 것으로 보인다. 이후 도로테아는 메리안의 집에 하숙생으로 들어온 화가 게오르크 그젤과 재혼했다. 말년의 메리안을 초

† 메리안에게 그림을 배운 두 딸들의 작품.
   요하나의 〈튤립과 아이리스〉(1700년경, 위)와
   도로테아의 〈알을 품은 붉은 따오기〉
   (1699~1700년경, 아래).

상으로 남긴 사람이다.

메리안이 수리남에서 돌아와 이 책의 출간을 준비하는 과정은 여러 기록에서 찾아볼 수 있는데, 1702년 10월 뉘른베르크의 볼카머에게 쓴 편지에는 앞으로 2개월이면 새 책에 실을 그림이 2절판 양피지로 다 완성된다는 내용이 담겨 있다.[5] 그러니까 수리남에서 돌아온 지 1년여 만에 60개의 밑그림을 상당 부분 완성했다는 이야기다. 두 딸이 작업을 도왔을 것이다. 수리남에서 돌아온 지 2년쯤 지난 1703년 11월 15일에는 《진실한 하를렘 신문》*Oprechte Haerlemsche courant*에 광고를 낸다. 수리남의 곤충에 관한 책을 3분의 1가량 완성했으며, 네덜란드의 주요 도시에서 책을 구입할 수 있다는 내용이다.[6]

그로부터 2년 후인 1705년 드디어 이 책이 암스테르담에서 출간되었다. 나라 안팎의 학자와 수집가들이 앞다투어 메리안을 방문했고 책과 수채화를 사 갔다. 때마침 암스테르담을 방문한 표트르대제는 그의 개인 외과 의사였던 로버트 어스킨을 메리안의 집으로 보내어 그림을 사 가기도 했다.

메리안은 서문에서 다음 출간 계획을 예고하며 끝맺는다. 신께서 건강과 삶을 허락하신다면, 독일과 네덜란드에서 관찰한 내용을 한데 묶어 라틴어와 네덜란드어로 책을 낸다는 것이다. 1714년 뇌졸중이 덮쳐 오기 전에, 메리안은 독일어로 펴냈던 《애벌레》 1권과 2권을 네덜란드어로 번역하여 암스테르담에서 출간했다.[7] 이에 더해 《애벌레》 3권을 펴내는 작업도 구상하고 있었다.

하지만 1717년 메리안은 일흔 살의 나이로 삶을 마감한다. 어머니의 장례를 치르기 위해 수리남에 있던 요하나 부부가 잠시 귀국했다. 도로테아는 그해에 상트페테르부르크로 이주했다. 도로테아의 남편 그젤은 표트르대제의 궁정화가가 되었고, 도로테아는 상트페테르부르크 과학 아카데미의 화가가 되어 학생들을 가르쳤다. 도로테아가 러시아로 떠나기 전에 한 일은 어머니의 《애벌레》 3권[8]을 출간하는 것이었다. 메리안이 미처 못다 한 채색은 도로테아가 했을 것이다. 1730년에 도로테아는 다시 암스테르담을 방문해 아카데미에서 사용할 요량으로 어머니의 작품을 대량 구매했다. 메리안의 작품 200점 이상이 현재 상트페테르부르크에 남아 있다.

애호가와 연구자 모두를 위한 책

메리안은 《수리남 곤충의 변태》를 '모든 자연 애호가 및 연구자에게' 헌정했다. '애호가Liefhebber'는 말 그대로 어떤 대상에 대해 애정lief을 지닌 사람hebber을 말한다. '아마추어'와 같은 말이다. '자연 연구자naturalist'는 자연의 산물을 연구하는 사람으로 당시에는 생물학자·자연사학자·박물학자를 아우르는 말이었다. 메리안은 동물과 식물에 대해 취미로 관심을 갖고 있는 사람과 전문적인 연구자 모두를 독자로 상정했다.

사실적인 그림과 설명으로 된 구성이라면 다른 박물학자의 책에서도 찾아볼 수 있지만 메리안이 여느 박물학자들과 다른 점은 그녀가 화가이기도 했다는 사실이다. 관찰 대상을 수채화로 그리고 동판이 제작되면 두 딸과 함께 다시 손수 채색했다. 곤충은 실제 크기로 묘사되고, 그림은 글과 별개로 그 자체로 완결적이며 자연의 아름다움을 재현한다. 메리안은 그림이 글에 압도되지 않게 하려고, 그림에 따로 숫자나 알파벳을 붙이지 않았고 제목도 쓰지 않았다.[9]

동물과 식물을 함께 다룬 구성도 획기적이었다. 그림 한 장에 곤충의 알부터 성충까지의 변태 과정과 먹이식물까지 함께 묘사하고 그에 대한 설명을 기술하여, 자연의 과정과 연결성을 글과 그림 모두로 담아낸 박물학자는 메리안이 처음이었다. 먹이식물의 뿌리·잎·열매가 어떻게 음식과 음료로 사용되는지, 그리고 의학적 효능에 대한 정보까지 담았다. 마르그라프와 피스처럼 의학 전문가이기도 한 박물학자들이 발표한 내용을 기반으로 하여 자신의 연구 결과를 더했다. 마리아 지빌라 메리안 협회 Maria Sibylla Merian Society의 창립자인 생물학자 케이 에더리지 Kay Etheridge는 메리안의 예술적 재능 때문에 박물학자로서의 선구적인 업적이 무색해진다고 평가한다.[10] 독자들이 그녀의 그림 때문에 글의 내용은 다소 간과한다는 것이다. 박물학자 메리안은 얼추 50년이라는 긴 시간 동안 나방과 나비를 연구했으며, 수리남에서 체류한 두 해 동안 100여 종의 곤충과 53종의 식물을 관찰한 성과를 세상에 내놓았고, 이명법을 고안한 린네는 이 그림들을 참조했다.

메리안의 삶을 따라가다 보면 여러 나라의 지명을 만나게 된다. 메리안은 그 도시들과 시골의 성과 머나먼 식민지가 어떤 곳이었는지 이해해야 그 윤곽을 짐작할 수 있는 인생을 살았다. 어느 장소에 머물러야 하고 떠나야 하는지를 스스로 결정했으며, 이 세계에서 머무르지 않고 저 세계를 탐험하는 여행자였다. 무엇보다 메리안은 괴테의 말마따나 "예술과 과학 사이, 자연 관찰과 예술적 의도 사이를 오갔다."[11]

1   나카노 교코, 《나는 꽃과 나비를 그린다》, 김성기 옮김, 사이언스북스, 2003, 168~169쪽.

2   내털리 데이비스, 《주변부의 여성들》, 김지혜·조한욱 옮김, 길, 2014, 235쪽.

3   Karel Davids, "Nederlanders en de natuur in de Nieuwe Wereld", *Jaarboek voor Ecologische Geschiedenis: Natuur en milieu in Belgische en Nederlandse koloniën*, Gent: Academia Press, 2010, p. 19.

4   네덜란드의 식민 지배 역사에서 팔메니리보 농장은 '1707년 노예 폭동'이 일어난 곳으로 알려져 있다. 새로운 소유주인 요나스 비천이 노예들의 자유를 제한하며 그들을 가혹하게 대했기 때문이라고 한다.

5   요한 게오르크 볼카머 Johann Georg Volkamer the Younger (1662~1744)는 뉘른베르크 출신으로 메리안과 가깝게 교류한 의사이자 식물학자이다. 메리안이 그에게 쓴 편지의 원문은 다음 웹 사이트에서 확인할 수 있다. https://www.themariasibyllameriansociety.humanities.uva.nl/sources/letters/

6   Hans Mulder & Marieke van Delft, "The production of *Meramorphosis insectorum Surinamensium*", *Maria Sibylla Merian: Metamorphosis insectorum Surinamensium*, Tielt: Lannoo, 2016, p. 40.

7   Maria Sibylla Merian, *Der Rupsen Begin, voedzel en Wonderbaare Verandering*, Amsterdam: Gerard Valck, 1713, 1714.

8   Maria Sibylla Merian, *Der Rupsen Begin, voedzel en Wonderbaare Verandering*, Amsterdam: Gerard Valck, 1717.

9   내털리 데이비스, 앞의 책, 215쪽.

10 Kay Etheridge, "The biology of *Meramorphosis insectorum Surinamensium*", *Maria Sibylla Merian: Metamorphosis insectorum Surinamensium*, Tielt: Lannoo, 2016, p. 29.

11 Johann Wolfgang von Goethe, *Goethe's Werke: 39*, Stuttgart: J.G. Cotta'schen Buchhandlung, 1831. p. 236.

차례

일러두기

1. 이 책은 마리아 지빌라 메리안이 암스테르담에서 펴낸 네덜란드어판 *Metamorphosis insectorum Surinamensium* (1705)을 번역한 것이다.

2. 본문의 각 장은 곤충과 그것이 먹이로 하는 식물의 그림으로 보여주고 그 특징을 기술했는데, 편의상 제목을 붙였다. 곤충 이름으로 각 장의 차별성을 부여하기 어려워서 식물 이름을 기준으로 제목을 정리했다. 메리안이 쓴 식물 이름이 현재의 식물 이름과 혼동을 일으킬 우려가 있는 경우 제목으로 쓰지 않았으며, 여러 번 나오는 식물을 구분하기 위해 간략히 식물의 특징이나 곤충 이름을 덧붙인 제목을 달기도 했다.

3. 이 책이 출간된 시기는 칼 폰 린네의 이명법二名法, binomial nomenclature이 확립되기 전이다. 메리안은 현지 주민에게 통용되는 이름 또는 네덜란드 이름으로 동식물을 명명했다. 이는 오늘날 과학의 진전에 따라 더 정교하고 적확한 생물학 용어로 대체할 수 있겠지만, 본문에서는 메리안이 쓴 이름을 가급적 그대로 또는 직역해 표기했다. 부록의 '이 책에 등장하는 동식물 이름 목록'을 참조하면 각각의 동식물에 대한 원어, 한국어 이름, 영어 이름, 학명, 분류체계를 확인할 수 있다.

4. 라틴어로 표기된 인물 이름은 모두 현대식 로마자 표기를 기준으로 정리했고, 원제가 다른 언어임에도 네덜란드어로 바꾸어 통칭한 책 이름은 모두 원제를 기준으로 정리했다. 서문과 본문에 나오는 인물 이름과 책 이름 원어는 주석에 밝혔다.

5. 메리안은 수리남의 현지인을 'Indianen', 'Inwoonder', 'Slaven'으로 구분해서 불렀는데, 각각 '인디언', '거주민', '노예'로 옮겼다. 또한 'Rups'는 애벌레, 'Worm'은 굼벵이, 'Insect'는 곤충으로 옮겼다.

6. 암스테르담 식물원 원장인 카스파르 코멜린이 덧붙인 주석은 원서와 마찬가지로 본문 각 장의 하단에 배치했다. 그는 주석에서 식물의 이름을 밝힌 뒤 다른 학자들의 연구에 언급된 사항과 암스테르담 식물원에서 재배되고 있는지 여부 등을 기술했다. 이때의 이름은 식물의 특징을 설명한 부분은 번역했고, 학명과 유사하게 통용된 라틴어 부분은 현재 유럽 학계에서 널리 쓰이는 북유럽식 발음에 맞춰 라틴어를 한글로 표기한 뒤 원어를 병기했다.

7. 코멜린의 주석을 제외한 모든 주석은 옮긴이가 달았으며, 서문 및 본문의 뒤에 배치했다. 다만 맥락의 이해를 돕기 위해 옮긴이가 정리한 짤막한 뜻풀이나 간단한 부연 설명은 주석으로 빼지 않고 본문의 대괄호([ ]) 안에 덧붙였다.

8. 원서에서 강조한 부분은 볼드체로 표기했으며, 책과 신문은 겹화살괄호(《 》), 그림은 홑화살괄호(〈 〉)로 표시했다.

1장

꽃이 핀 파인애플

파인애플은 식용 열매 가운데 가장 중요하기에, 내 관찰 기록의 첫 번째로 이 책의 맨 앞에 두기에 마땅하다. 이번 장은 꽃이 핀 모습이며, 다음 장에는 무르익은 모습이 나올 것이다. 열매 바로 아래에 난 작은 꽃잎들은 노란 무늬로 장식한 붉은 벨벳 같다. 열매가 익어서 따고 나면 옆쪽으로 작은 싹이 돋아난다. 길쭉한 잎들의 바깥 면은 녹청색이고 안쪽 면은 풀색이며, 잎 가장자리에는 불그스름하고 뾰족한 가시가 나 있다. 여러 학자들이 이 열매의 우아함과 아름다움을 상세히 기술한 바 있다. 예를 들면 **피스와 마르그라프가 쓴 《브라질 자연사》,**[1] **르헤이더의 《말라바르의 정원》**[2] **11권, 코멜린의 《암스테르담 약용식물원》**[3] **1장**이 있으며, 이외에 다른 학자들의 저서도 있다. 그러니 나는 이 정도만 해두고 곤충을 계속 관찰하련다.

바퀴는 울, 리넨, 음식과 음료를 모두 망가뜨리면서 거주민에게 큰 피해와 불편을 주기 때문에 아메리카에서 가장 악명 높은 곤충이다. 주로 단것을 먹고 살기에 이 과일을 아주 좋아한다. 바퀴는 촘촘하게 알을 낳은 뒤, 이 나라의 몇몇 거미처럼 둥그런 고치로 그 알들을 둘러싼다. 알이 완숙하면 새끼는 알껍데기를 물어뜯고 잽싸게 밖으로 나온다. 새끼 바퀴는 개미만큼 작아서 틈새와 열쇠 구멍을 통해 함과 장롱을 들락거리면서 모든 것을 망쳐 놓는다. 그러다가 이 그림에 묘사된 것처럼 아주 크게 자라며, 갈색과 흰색을 띤다. 완전히 성장하면 등껍질이 터지면서 희고 얇은 날개가 달린 바퀴벌레가 나온다. 허물은 마치 한 마리의 바퀴벌레인 듯 그 형태가 그대로 남아 있으나 안은 텅 비어 있다.

이 그림에는 다른 종류의 바퀴도 그렸다. 이 바퀴벌레는 갈색 주머니 안에 알을 담아서 몸통 아래에 달고 다닌다. 살짝 건드리면, 쉽게 도망칠 수 있도록 그 주머니를 떨어뜨린다. 이 알집에서 새끼들이 나왔으며, 새끼들은 변태하여 앞서 말한 어미들과 똑같은 모습이 된다.

⚜

다른 저자들이 이 식물에 붙인 특별한 이름들은 말라바르의 식물에 관한 내 열두 권의 저서 《말라바르 식물 편람》[4]에서 찾아볼 수 있다.

2장

무르익은 파인애플

무르익은 **파인애플**의 모습이다. 이 열매를 먹으려면 껍질을 벗겨야 한다. 껍질은 엄지손가락만큼 두껍다. 너무 얇게 벗기면 날카로운 잔털들이 남게 되어, 먹을 때 혀를 찌르며 심한 통증을 유발한다. 이 열매의 맛은 마치 포도, 살구, 까치밥나무 열매, 사과, 배를 한데 섞어 한꺼번에 맛보는 것만 같다. 향기가 아주 좋고 강해서, 잘라서 갈라놓으면 온 방 안에 그 향기가 풍긴다. 관아冠芽[열매 윗부분에 있는 왕관 모양의 싹]와 옆에서 돋아나는 새싹을 땅에 심으면 다시 새 식물이 되어 잡초처럼 쑥쑥 자란다. 어린 싹은 6개월이면 완전히 자라고 열매가 무르익는다. 그것을 날로 먹거나 익혀서 먹는다. 압착하고 증류하여 와인과 브랜디를 만들 수도 있는데, 둘 다 다른 모든 것을 능가할 만큼 굉장히 맛이 좋다.

파인애플 열매 위에 있는 애벌레는 1700년 5월 초 파인애플 옆 풀밭에서 발견했다. 온몸을 따라 붉은 줄과 흰 줄이 나 있는 연녹색 애벌레다. 5월 10일에 애벌레는 번데기로 변했고, 5월 18일 거기에서 아주 아름다운 나비가 나왔다. 반짝이는 멋진 초록색 무늬로 장식된 노란 나비로, 앉아 있는 모습과 날고 있는 모습으로 나타냈다.

파인애플 관아 위를 기어가는 불그스름하고 작은 굼벵이는 얇은 고치를 지은 뒤 그 안에 누워 자그만 번데기가 되었다. 이것은 깍지벌레를 먹는 굼벵이다. 나에게는 이 굼벵이가 많이 있었는데, 이 나라에서는 깍지벌레 사이에서 흔히 볼 수 있다. 그러니 호기심이 있으면 누구나 찾아서 관찰할 수 있다. 굼벵이의 고치 위쪽에 번데기가 누워 있는데, 그 껍질을 벌려 보니 안에 깍지벌레가 들어 있었다. 깍지벌레는 파인애플 관아의 위쪽에 그렸으며, 무당벌레의 모습과 차이가 없다. 두 마리를 앉아 있는 모습과 날고 있는 모습으로 표현했는데, 붉은 날개에 검은 테두리가 둘러져 있다. 이는 내가 장식을 위해 그림에 추가했으며, 말린 깍지벌레 중에서 골라 그렸고 아메리카 변종은 아니다. 이 벌레는 호기심 있는 다른 연구자들도 발견한 바 있다. 레이우엔훅[5] 씨의 서한 60번(1687년 11월 28일, 141~144쪽)과 블랑카르트 박사의 《곤충》(폴리오 251)에 기록되어 있다.

나비를 확대경으로 보면, 날개에 물고기 비늘 같은 가루가 보인다. 여기에는 긴 털이 난 잔가지가 세 개씩 붙어 있는데, 아주 규칙적으로 배열되어서 그리 어렵지 않게 셀 수 있을 정도다. 몸통은 털이 죽 엮여 있는 깃털로 빽빽하게 덮여 있다.

3장

작은 가시여지

수리남에서 이 열매는 작은 **가시여지**라고 부른다. 큰 가시여지는 14장에 소개되어 있다. 이것은 나무처럼 자라며, 별 쓸모가 없는 조악한 열매를 맺는다. 열매의 겉은 노란색이고 안은 흰 과육에 검은 씨가 가득하다.

1700년 8월, 이 나무에서 아름다운 초록색 애벌레를 발견했다. 애벌레는 8월 18일까지 잎을 먹다가 허물을 벗고 갈색 번데기가 되었고, 9월 12일 거기에서 검은색과 흰색이 어우러진 아름다운 나방이 나왔다. 나방은 이중 주둥이를 갖고 있다. 꽃에서 꿀을 빨아먹을 때는 이 주둥이를 모아 관으로 만들어 먹이를 섭취한다. 주둥이를 꽉 돌돌 말아서 머리 밑의 털 안에 넣기 때문에 여간해서는 우리 눈에 보이지 않는다. 밤에만 날아다니며 생명력이 강하다. 확대경으로 보면, 날개에 있는 가루는 갈색, 흰색, 검은색이 섞여 울긋불긋한 암탉의 깃털처럼 보인다. 몸통에 곰처럼 털이 많고, 심지어 눈에도 털이 나 있다. 주둥이는 거위나 오리의 목처럼 생겼다. 발과 더듬이가 놀랄 만큼 아름답다.

✽

다양한 종류의 가시여지가 《바타비아 정원 서설》[6] '아노나 Anona' 항목에 소개되어 있고, 《말라바르의 정원》 3권에도 '아노나 마란스 Anona marans'와 '아타마란스 Attamarans' 항목에 기재되어 있다. 매년 아메리카에서는 다양한 가시여지 종자를 네덜란드로 보내온다. 세 가지 특별한 종을 암스테르담 식물원에서 재배했는데, 주로 크기에 따라 각각의 종이 구분된다.

4장

카사바와 털북숭이 애벌레

이 초본식물은 **카사바**라고 하며, 아메리카에서는 **마니홋**Maniho 또는 **마니옷**Manyot 이라고 부른다. 이 식물의 뿌리로는 빵을 만든다. 240~275센티미터 높이로 자라고, 줄기 또는 대는 붉은색이다. 이 초본을 증식하려면 사탕수수 꺾꽂이를 할 때처럼 줄기를 한 뼘 길이로 잘라서 땅에 심으면 된다. 1년이 지나면 뿌리를 캐어 5장에 설명한 방법으로 빵을 만든다.

1700년 6월, 이 초본에서 잎을 먹고 있는 털북숭이 갈색 애벌레를 발견했다. 6월 12일에 애벌레는 그림의 줄기에 붙어 있는 것과 같은 번데기로 변했다. 7월 1일에는 거기서 흰색과 갈색 무늬가 있는 나비가 나왔다. 나는 프레덴뷔르흐[7] 씨의 카사바 농장에서 이 나비들이 날아다니는 모습을 많이 보았고, 그곳에서 변태 과정도 관찰했다.

카사바 줄기에 있는 어린 **도마뱀**은 도면을 장식하고자 추가했다. 3~4미터짜리 악어 크기로 자라는 도마뱀이다. 하지만 죽은 동물을 먹고 살 뿐, 악어처럼 산 사람을 공격하지는 않는다. 암컷은 강기슭의 모래밭에 구멍을 파서 알을 낳고, 태양은 알을 부화시킨다. 인디언들은 이 알을 먹는데, 칠면조 알 크기에 그보다 조금 더 타원형이다. 이 **도마뱀**은 뭍과 물에서 산다. 죽은 동물이나 물고기를 찾지 못하면 개미와 파리를 먹는다. 이 책이 애호가들에게 사랑받고 잘 팔린다면, 이와 같은 동물들을 전반적으로 다룬 책을 더 펴낼 수도 있을 것이다.

✣

아메리카 거주민들은 다양한 식물의 뿌리로 빵을 굽는다. 알디니가 《파르네세의 정원》[8]에 기재한 '유카 폴리이스 알레스jucca foliis Aloes', 내가 《식물학 서문》[9]에 기술한 '아룸Arum'이 그러한 식물이다. 아룸은 나시[10] 씨가 내게 알려주었는데, 인디언들이 그 뿌리로 빵을 만들어 먹는다고 했다. 지금은 암스테르담 약용식물원에서도 자라고 있다. 하지만 서인도에서는 대부분 마니홋으로 빵을 만드는 듯하다. 이 식물은 '인디언의 마니홋 혹은 대마의 유카 잎'(바우힌의 《식물의 극장 총람》),[11] '뿌리 즙에는 독성이 있지만 인디언들이 그 덩어리로 빵을 만들고, 잎은 칙칙한데 줄기는 매우 무성하며, 다섯 개 꽃잎이 달린 꽃을 피우는 덩굴식물'(슬론의 《자메이카섬 식물 편람》)[12]과 같이 다양하게 불린다.

5장

카사바와 노란 줄무늬 애벌레

카사바의 뿌리이다. 아메리카에서 인디언과 유럽인은 평소에 이 뿌리로 빵을 만들어 먹는다. 뿌리의 즙에는 강한 독성이 있으므로 뿌리를 갈아서 즙을 모두 짜낸다. 이 나라 사람들은 이렇게 처리한 뿌리를 모자를 만들 때 사용하는 물건처럼 생긴 철판 위에 올려놓은 다음, 철판 밑에 작은 불을 피워서 남은 수분을 모두 날려 버린다. 그러면 러스크[수분이 적은 서양 비스킷]처럼 구워지는데, 맛있는 네덜란드 러스크와 같은 맛이 난다. 사람이나 동물이 뿌리에서 짜낸 즙을 차가운 상태로 그냥 마시면 극심한 고통을 겪으며 죽는다. 하지만 이 즙을 끓이면 매우 훌륭한 음료가 된다.

머리와 꽁무니가 선홍색이고 온몸에 노란 줄무늬가 있는 이 커다랗고 검은 애벌레는 내가 수리남에 머물던 시기에 이 식물에 엄청난 피해를 입혔다. 식량용 밭 전체를 다 먹어 치운 것이다. 1700년 12월, 애벌레는 탈피하여 갈색 번데기가 되었다. 4주 뒤에 거기에서 몸통에 주황색 무늬가 있고 검은색과 흰색 점이 박힌 이와 같은 아름다운 나방이 나왔다.

뱀은 도면을 장식하기 위해 추가했다. 본래 몸이 꼬여 있고 무늬가 희한하다. 불룩한 배는 알을 배고 있음을 보여주는데, 카사바 뿌리 위에 놓인 것과 같은 알이다. 새 알과 같은 껍질은 없으나, 악어나 도마뱀, 거북 알처럼 푸른 점이 있는 피부로 둘러싸여 있고 타원형 이다.

6장

하얀 꽃이 피는 마카이

아메리카에서 **마카이**Maccai 라고 부르는데, 높이가 4엘EL[13][272센티미터 내외]까지 자란다. 가운데에 노란 술이 달린 흰색 꽃이 핀다. 노란색과 붉은색 장과漿果가 열리며, 사람과 새가 그 열매를 먹는다. 줄기는 길고 단단하게 자라기 때문에 도끼를 사용해 베어야 한다.

줄기 위쪽에 앉아 있는 노란 줄무늬의 붉은 애벌레에는 길고 뻣뻣한 갈색 털이 달려 있으며, 이 엉겅퀴의 잎사귀를 먹고 산다. 1700년 8월 4일에 나는 이 애벌레가 번데기가 되는 모습을 보았는데, 여느 애벌레의 습성과 마찬가지로 탈피를 하고 나서 번데기가 되었다. 번데기는 나무 색의 고치 안에 든 채로 매달려 있었고, 8월 30일에 거기서 아름다운 나방이 나왔다.

맨 아래의 노란 애벌레는 검은 반점과 긴 털로 치장되어 있으며, 특이한 종류다. 이 애벌레들은 한 무더기로 모여 있는데, 한 애벌레의 머리가 항상 다른 애벌레의 꼬리를 물고 하나의 원을 만든다. 흩어 놓으면 수은처럼 금세 다시 하나가 된다. 이 엉겅퀴를 먹고 산다. 1700년 7월 20일에 고치가 되었고, 9월 24일에 거기서 첫 나방이 나왔다.

확대경으로 관찰해 보면, 두 나방 모두에서 헝가리 곰 털 같은 털을 볼 수 있다. 육안으로 보면 아름답지만, 확대경으로 보면 보리 이삭 같은 털이 괴상하게 거칠고 흉하다. 나는 모든 나방은 털로 덮여 있으며, 나비는 깃털로 덮여 있되 투명하거나 유리 같은 나비는 비늘로 덮여 있음을 발견했다.

피스가 '유리페바Juripeba'라고 소개한 식물로, 《말라바르의 정원》 2권에는 '케루-쿤다 Cheru-Chunda' 항목에 그림과 설명이 실려 있다. 나의 저서 《말라바르 식물 편람》의 '매우 작고 반짝이는 열매가 달리며 가시가 있는 인도의 솔라눔' 항목에 그 특별한 이름들을 추가해 두었다.

7장

아메리카 체리

이 식물은 **아메리카 체리**인데, 그 열매가 유럽 체리의 맛에는 미치지 못한다. 흰색과 붉은색 꽃이 핀다. 나무의 크기도 네덜란드나 독일의 벚나무보다 크지 않다. 이곳에 거주하는 이들이 좀 더 근면하고 이익을 덜 쫓는 사람들이었다면 이 열매들은 더 완숙한 상태로 재배될 것이다.

이 노란 애벌레는 두 마리밖에 발견하지 못했는데, 그중 한 마리는 죽어 버렸다. 다른 한 마리는 4월 20일에 초록색 번데기로 변했고, 5월 26일에 거기에서 이처럼 아름답고 커다란 나비가 나왔다.

8장

인디언 재스민 나무

아메리카에서 **인디언 재스민 나무**라고 부르며, 커다랗게 자란다. 묵직하고 두툼한 꽃이 피는데, 아주 좋은 향기가 난다. 잎사귀 역시 두껍고 수분이 많으며 초록빛이다. 가지를 꺾으면 우유 같은 수액이 흘러나온다. 나무는 쉽게 증식하여, 그냥 어린 가지를 꺾어서 우유 같은 수액이 다 빠져나오기 전에 땅에 심기만 하면 몇 달 만에 큰 나무로 자란다.

왕관을 쓴 이 애벌레는 인디언 재스민 나무의 잎을 먹는다. 9월 20일에 애벌레는 번데기로 변했고, 10월 11일에 거기에서 이와 같이 아름다운 구름무늬 나비가 나타났다. 각 날개의 바깥쪽에 흰색 반점이 여섯 개씩 있으며, 안쪽은 붉은색과 검은색이다. 이 작은 동물을 확대경으로 관찰하면 놀랍도록 아름다우며, 그 아름다움은 글로는 형용하기 어려워 상세히 관찰할 가치가 있다.

⚜

이 나무는 에르난데스가 쓴 《멕시코 자연사》[14] 33장의 '콰우흐틀레파틀리 Quauhtlepatli'와 '아르보르 이그네아 arbor ignea' 항목에 기재되어 있다. 또한 《암스테르담 약용식물원》 2권 24장에는 '긴 잎과 하얀 꽃을 가진 아메리카의 나무, 꽃차례 덤불'이라고 기재되어 있다.

9장

홑꽃이 피는 석류나무

석류나무는 수리남에서 열매를 맺고 꽃을 피우며 아주 잘 자라지만, 거주민들은 거의 재배하지 않는다. 이 나무는 유럽에 충분히 알려져 있으므로 길게 설명하지 않겠다.

나는 수리남에서 이 노란 애벌레에게 석류나무 잎을 먹이로 주었다. 4월 22일에 애벌레는 몸을 고정시키더니 회색 번데기가 되었고, 5월 8일에 거기에서 놀랍도록 아름다운 이 나비가 나왔다. 초록색과 은색이 어우러진 나비로, 테두리는 갈색이며 흰 반달무늬가 여기저기 흩어져 있다. 반대쪽 면은 갈색 바탕에 작고 노란 눈 모양의 무늬가 있다. 무척 빠르게 날아다닌다.

이 초록색 나비를 확대경으로 보면 깃털이 초록색 기왓장을 쌓아 놓은 것 같은데, 매우 질서 정연하고 규칙적으로 배열된 지붕의 기와 같은 형상이다. 공작새처럼 깃털의 폭이 넓고 눈부시게 빛난다. 눈으로 직접 확인해야지, 글로는 형용하지 못한다.

10장

수리남 목화나무

수리남 목화나무는 굉장히 빨리 자란다. 씨앗을 심고 나서 6개월이면 이 나라의 모과나무 크기로 자란다. 인디언들은 목화나무의 초록 잎으로 막 상처가 난 부위의 열기를 식히고 치료한다. 나무에서는 불그스름한 꽃과 유황색 꽃, 두 종류의 꽃이 핀다. 불그스름한 꽃은 열매를 맺지 않으며, 노란색 꽃에서는 목화솜이 나온다. 이 꽃이 지고 나면 바로 그 자리에 과실이 자란다. 이것이 무르익으면 갈색이 되어 벌어진 뒤 세 부분으로 된 하얀 솜이 드러난다. 각각의 목화솜마다 검은 씨앗이 한 알씩 붙어 있다. 인디언들은 목화솜을 실로 자아서, 잠잘 때 쓰는 그물 침대를 만든다.

이 나무에서 두 종류의 애벌레를 발견했다. 맨 아래의 검은 애벌레는 목화나무의 초록 잎사귀를 먹였더니 1701년 3월 20일에 탈피하여 번데기가 되었고, 4월 28일에 목화솜 빛깔의 나방이 나왔다.

위쪽의 희끄무레한 애벌레도 마찬가지로 목화나무 잎을 먹는다. 6월 9일에 애벌레가 번데기로 변하는 모습을 보았다. 6월 24일에 거기에서 은색과 갈색 반점으로 장식된 나비가 나왔다.

흰색 나방을 확대경으로 보면, 흰색과 잿빛 깃털 내지는 솜털이 덮여 있는데, 깃털보다는 털에 가까워 보였다. 더듬이는 흰색과 검은색의 뱀 두 마리처럼 보인다.

작은 나비는 등판이 깃털로 빼곡히 덮여 있다. 안쪽에는 세상에서 가장 고운 용기들이 잘게 돋아 있는데, 꼭 빨간색, 파란색, 자주색, 금색, 은색으로 된 공작 깃털 같다. 꽁지에는 예쁜 깃 장식이 있다. 더듬이는 작고 검은 뱀 같다.

✤

'목화나무'에서 두 종류의 꽃이 핀다는 사실은 헤르만이 《레이던 대학교 식물원 편람》[15]에서 두 가지 특별한 종류를 제시하며 처음 언급했다. 투른포르도 《식물학의 요소들》[16]에서 그 견해를 따랐다. 이 책에 기술된 바로는, 두 종류의 꽃이 동일한 나무 한 그루에서 발견되지만 노란색 꽃에는 씨방이 있고 불그스레한 꽃에는 씨방이 없다고 한다. 투른포르는 첫 번째 종을 '노란 꽃이 피는 크실론 아르보레움 Xylon arboreum flore flavo', 두 번째 종을 '크실론 아르보레움 J. B.'라고 했으며, 그 이명들도 기재되어 있다.

11장

말뚝나무

수리남에서 자라는 **말뚝나무**의 가지이다. 아메리카에서는 이 나무를 쪼개 각재를 만든 뒤 이를 땅의 네 귀퉁이에 서까래로 받쳐서 집이나 움막을 짓는다. 나무에서는 노란색의 두껍고 묵직한 꽃이 핀다. 꽃이 지고 나면 가지가 위로 뻗으며, 씨방은 마구간 빗자루 같은 모습이 된다. 거주민들은 이를 빗자루 대용으로 쓴다. 씨방에는 그 형태와 크기가 기장 씨앗처럼 생긴 씨들이 빼곡하게 들어 있다.

이와 같은 종류의 애벌레는 1년에 세 차례 말뚝나무에 출현한다. 검은 줄무늬가 있는 노란색 애벌레로, 여섯 개의 검정 가시 돌기로 치장되어 있다. 성충의 3분의 1에 달하는 크기만큼 자라면 탈피하여 주황색 애벌레로 변하는데, 마디마다 검고 둥근 반점이 있고 앞서 말한 여섯 개의 가시 돌기가 나 있다. 며칠 후 다시 탈피하는데, 이번에는 가시들이 나타나지 않는다. 1700년 4월 14일에 애벌레가 변태하여 번데기가 되었고, 6월 12일에 옆에 그린 나방이 나왔다. 그림 아래쪽의 작은 나방이 수컷이며, 위쪽의 큰 나방이 암컷이다.

12장

바나나

이 열매는 아메리카에서 **바나나**[수리남에서는 요리용 바나나인 플랜틴Plantain을 '바나나', 껍질을 벗겨 먹는 바나나를 '바코버'라고 했다]라고 부른다. 쓰임새가 사과와 같으며, 네덜란드의 사과가 그렇듯 맛이 좋다. 삶아 먹어도, 날로 먹어도 맛있다. 아직 익지 않았을 때는 연두색이고, 익은 바나나는 안팎이 레몬 같은 노란색이다. 껍질은 레몬처럼 두껍고, 송이로 달려 있다. 줄기 하나에 9~10개의 둥근 단段이 층층이 있고, 단마다 12~14개의 바나나가 모두 위쪽으로 뻗어 있다. 꽃이 무척 아름다운데, 다섯 장의 선홍색 꽃잎이 가죽처럼 두껍고 안쪽은 초록색 꽃가루로 덮여 있다. 꽃은 열매가 열릴 때 같이 핀다. 여러 송이가 달린 줄기는 성인 남자가 겨우 들 수 있을 만큼 크다. 나무는 양배추처럼 힘이 없고, 줄기는 여러 겹으로 되어 있다. 새싹이 6개월 만에 4미터까지 자라서 굵은 소나무만큼 두꺼워진다. 잎사귀는 길이 210센티미터, 너비 45센티미터 이상이며, 멋진 초록색을 띤다. 빵을 구울 때 이 잎을 빵 밑에 깔고 오븐에 밀어 넣는다.

바나나 나무에서 연녹색 애벌레를 발견하여 잎을 먹였더니, 4월 21일에 탈피하여 번데기가 되었고 5월 10일에 이와 같은 아름다운 나방으로 변했다.

❋

이것은 '무사 세라피오니스Musa Serapionis'이다. 이 식물에 붙은 특별한 이름이 이 식물에 대해 기술한 저자의 수만큼이나 많다. 그 이름에 다른 이름까지 추가해 내 저서 《말라바르 식물 편람》의 '피코이데스Ficoides 또는 피쿠스 인디카Ficus indica, 매우 길고 넓은 잎, 매우 긴 열매를 가진 무사 세라피오니스' 항목에 소개했다.

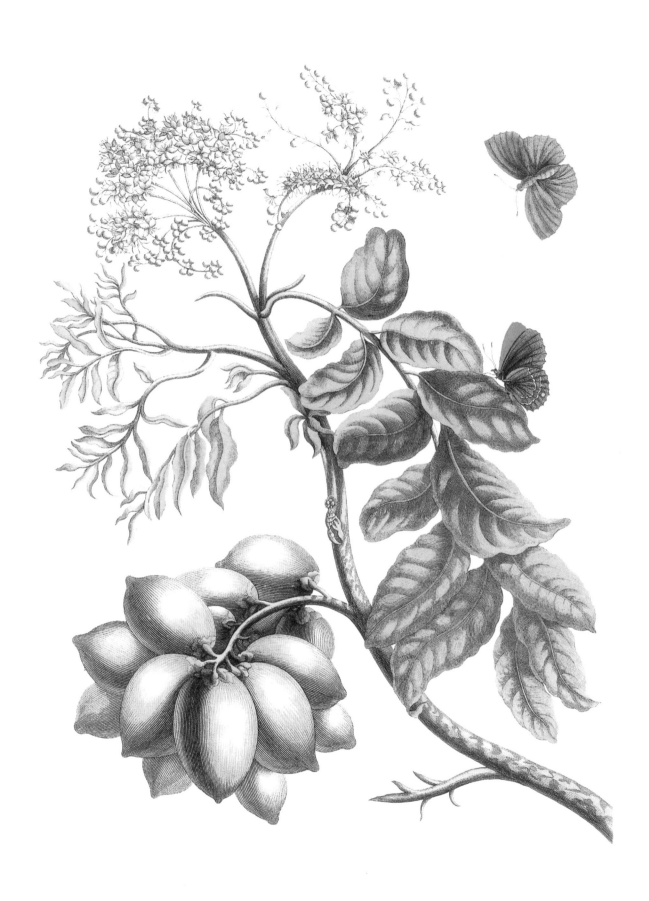

13장

아메리카 자두나무

아메리카 자두나무의 가지이다. 이 나무는 네덜란드의 호두나무와 같은 키로 자라며 둘레도 그와 비슷하다. 꽃에 향기만 없을 뿐, 꽃과 잎은 딱총나무와 매우 유사하다. 열매가 송이로 달리는데, 이 지역에서 유럽인들은 사탕수수 말고는 재배하지 않기 때문에 야생 상태로 자라며 접붙이지 않는다. 열매를 짜면 땀을 흘리듯 진액이 흘러나오는데, 열매만큼이나 노랗다. 씨는 열매의 절반쯤 되는 크기이고, 과육은 섬유질이 매우 풍부하다.

꽃 위를 기어가는 가시 많은 초록색 애벌레는 왕성한 식욕으로 이 꽃을 먹으며, 먹을 꽃이 떨어지면 나무의 푸른 잎사귀를 먹는다. 이 애벌레들은 천성이 굼뜨고 온종일 먹기만 한다. 4월 5일에 움직임을 멈추더니 몸을 고정시켰다. 같은 달 7일에 번데기로 변했고, 20일에 이와 같은 푸른 나비가 나왔다.

14장

큰 가시여지

서인도에서 그 열매 이름을 따라 **가시여지**라고 부르는 큰 나무의 가지이다. 잎은 레몬 잎사귀보다 더 아름다운 초록색이다. 노란색을 띤 초록색 꽃이 피며, 꽃잎은 두툼하다. 열매의 생김새는 멜론을 닮았고, 맛은 포도처럼 시큼하다. 껍질은 단단한데, 과육은 희고 연하며 매우 맛있다. 조리해서 먹어도 되고 날로 먹어도 되는데, 조리해서 먹으려면 열매가 다 여물기 전이어야 한다. 물과 설탕을 조금 넣은 뒤 끓이면 훌륭한 음식이 된다. 바베이도스섬에서는 이 열매의 즙을 짜서 술을 만들기도 한다.

커다란 초록색 애벌레는 이 나무의 초록 잎을 먹이로 삼았다. 6월 22일에 가만히 눕더니 탈피하여 갈색 번데기가 되었다. 8월 23일에 거기서 갈색 나방, 즉 꼬리박각시가 나왔다.

잔가지 위에서 똬리를 틀고 있는 작고 노란 애벌레 또한 이 잎을 먹는다. 12월 3일에 나무 색깔의 고치를 만들었고, 1월 24일에 거기서 초록색 잎사귀 위에 보이는 것과 같은 흰 나방이 나왔다.

✽

작은 가시여지는 3장에서 다루었다. 네덜란드의 정원에서 '아노나'라고 불린다고 거기에 밝혀 두었다.

15장

수박

수박은 네덜란드의 오이처럼 땅바닥을 향해 뻗으며 자란다. 껍질은 단단하지만 속으로 갈수록 그 단단함이 점점 줄어든다. 과육은 반짝이며, 입안에서 설탕처럼 녹는다. 몸에 좋으며 아주 맛있고, 환자의 생기를 북돋워준다. 꽃은 작고 수수하며 노란색이다. 씨앗은 붉은색인데 무르익으면 검게 변한다.

사각으로 각진 이 애벌레는 수박 잎사귀에 붙어 산다. 몸의 앞부분과 뒷부분은 파란색이며, 중간은 초록색이다. 발의 피부는 달팽이처럼 끈적거린다. 7월 5일에 고치가 되었다. 이 특이한 애벌레에서 뭔가 특별한 것이 나오리라 기대했으나, 1700년 8월 10일에 평범한 나방이 나오자 실망스러웠다. 가장 아름답고 독특한 애벌레가 가장 평범한 곤충으로 변하고, 가장 평범한 애벌레가 가장 아름다운 나방과 나비로 변하는 일을 나는 수차례 보았다.

✤

수박은 '앙구리아 치트룰루스 Anguria Citrullus'(바우힌의 《식물의 극장 총람》) 및 '자르면 검은 씨앗이 들어 있고 레몬과 같은 잎을 가진 콜로친티디스 Colocynthidis, 퀴부스담 앙구리아 quibusdam Anguria J. B.'이다

16장

캐슈 나무

아메리카에서 이 나무는 **캐슈 나무**, 그 열매는 **캐슈 사과**라고 부른다. 두 종류가 있는데, 하나는 흰 꽃이 피고 노란 사과가 열리며 다른 하나는 붉은 꽃이 피고 붉은 사과가 열린다. 하지만 잎사귀는 모두 초록색이다. 사과는 시큼한 맛이 나고 떫지만, 삶아 먹으면 괜찮다. 아메리카의 어떤 지역에서는 이를 압착하여 술을 만드는데, 아주 독해서 과하게 마시면 누구라도 취한다. 사실 사과에 콩팥처럼 휜 모양으로 자란 부위가 캐슈이며, 캐슈에 열매 두 개가 붙어 있는 모습을 그림에서 볼 수 있다. 캐슈의 맛은 매우 자극적이다. 그 즙은 피부와 살을 갉아먹으므로 농양을 치료하는 데 쓰인다. 이것을 구우면 밤 같은 맛이 나는데, 설사에 좋고 벌레를 쫓는 데도 좋다. 잎은 이 나뭇가지에서 볼 수 있듯이 나무를 둘러싸고 왕관 모양으로 자란다.

1701년, 이 나무에서 두 종류의 애벌레를 발견했다. 하나는 눈처럼 흰색의 털북숭이로, 잎사귀에 누워 있는 모습과 같다. 잎사귀를 먹였더니 3월 3일에 갈색 번데기가 되었고, 3월 18일에 투명한 나비가 나왔으며, 그림에서 날고 있는 모습과 같다.

위쪽에 있는 붉은 애벌레는 고치를 지을 자리를 찾으면서 잽싸게 움직이고 있었다. 그러다가 4월 5일에 고치가 되었으며, 같은 달 20일에 거기에서 나무 색 나방이 나왔다.

❖

이 나무는 '토끼의 콩팥 같은 열매가 달리는 아나카르디움 오치덴탈레 카요우스 Anacardium Occidentale cajous'로, 《말라바르의 정원》 3권의 '카파-마바 Kapa-mava'와 '카트야보마람 Katjavomaram' 항목에 상세히 기재되어 있다. 내가 쓴 《말라바르 식물 편람》에 그 외의 다양한 이름이 추가되어 있다.

17장

라임 나무

라임은 수리남에서 가장 흔한 과일이다. 모든 요리에 쓰인다. 일종의 작은 레몬이며 자생한다. 나무는 아름다운 사과나무 크기만큼 자란다. 잎은 평범한 레몬 나무의 절반 크기이며, 꽃도 그만큼 더 작다. 꽃으로는 고급 기름을 만든다. 껍질에서도 기름을 짜내며, 설익은 작은 라임은 설탕에 절여 잼을 만든다. 독일의 노간주나무처럼 1년 내내 꽃과 무르익은 열매와 풋열매가 가득 달린다. 수리남의 다른 나무들도 다 그러한데, 그곳에는 겨울이 전혀 없기 때문이다.

이 나무에서는 흰 무늬가 있는 갈색 애벌레가 발견된다. 달팽이처럼 서로 들러붙은 채 무더기로 나무에 매달려 있다. 건드리면 머리에서 노란 더듬이를 내미는데, 자신을 보호하거나 적을 공격하기 위한 것이 분명하다. 라임 나무 잎사귀를 먹이자 1700년 3월 24일에 줄기 위에 누워 있는 것과 같은 갈색 번데기가 되었다. 4월 2일에 거기서 나비가 나왔는데, 앉아 있는 모습과 날고 있는 모습으로 그려 놓았다. 붉은 무늬와 흰 무늬로 장식된 검은 나비다.

잎사귀 위를 기어가는 작고 흰 벌레들은 라임 나무에서 흔히 볼 수 있다. 4월 20~24일에 변태하여 일부는 흰색, 일부는 갈색 깍지벌레가 되었다.

18장

구아바 나무와 거미, 개미, 벌새

18장에서는 **구아바** 나뭇가지에 있는 거미, 개미, 벌새를 소개한다. 제일 큰 거미를 대개는 **구아바** 나무에서 발견했기 때문이다. 19장에서도 **구아바** 나무와 곤충들을 보여줄 것이다. 그러므로 여기서는 나무에 관해 다루지 않고, 거미 이야기로 넘어가겠다.

구아바 나무에서 검고 커다란 거미를 많이 발견했다. 이 거미는 다음 장 그림에서 애벌레의 고치로 그린 것과 같은 둥근 모양의 보금자리에 산다. 일부 여행자 때문에 잘못 알려졌는데, 이 거미는 긴 거미줄을 치지 않는다. 온몸이 털로 뒤덮여 있고, 날카로운 이빨이 나 있다. 그 이빨에 물리는 동시에 액이 상처에 스며들어 위험할 수 있다. 거미는 개미를 주식으로 삼는데, 개미는 나무를 기어 올라갈 때 거미를 피해 도망가지 못한다. 이 거미는 (여느 거미처럼) 눈이 여덟 개로, 그중 두 개는 위를, 두 개는 아래를, 두 개는 오른쪽을, 두 개는 왼쪽을 보고 있기 때문이다. 개미를 찾지 못하면 새 둥지에서 작은 새들을 꺼낸 뒤 몸에서 피를 다 빨아먹는다. 애벌레처럼 간간이 허물을 벗기는 하지만, 날아다니는 모습은 본 적이 없다. 거미줄에 붙어 있는, 그보다 작은 종류의 거미는 몸통 밑의 알 주머니에 알을 품고 있다가 부화시킨다. 이 거미도 눈이 여덟 개지만, 큰 거미의 눈보다 훨씬 넓게 머리에 흩어져 있다.

아메리카에는 하룻밤 새에 나무를 빗자루처럼 모조리 앙상하게 만들 수 있는, 아주 커다란 개미들이 있다. 가위처럼 서로 엇갈리게 난, 휘어 있는 두 개의 이빨로 나무 잎사귀를 잘라 내어 아래로 떨어뜨린다. 그러면 나무는 유럽의 겨울나무처럼 보인다. 밑에서는 수천 마리의 개미들이 잘라 낸 잎을 보금자리로 운반한다. 자기를 위해서가 아니라 아직 굼벵이 상태인 새끼들을 위해서다. 날아다니는 개미는 모기처럼 알을 낳으며, 이 알은 굼벵이나 구더기가 된다. 이 구더기는 두 종류로 어떤 것은 고치가 되고 어떤 것은 번데기가 되는데, 대부분 번데기가 된다. 잘 모르는 사람들은 이 번데기를 개미 알이라고 부르지만, 개미 알은 훨씬 작다. 수리남에서는 이 번데기를 닭 모이로 주는데, 닭은 귀리나 보리보다 이를 더 좋아한다. 이 번데기에서 개미가 나온다. 개미는 탈피를 하고 날개가 생기며, 그다음에 알을 낳으면 알에서 굼벵이가 나온다. 더운 나라에는 겨울이 전혀 없으니 개미들은 겨울을 걱정할 필요가 없는데도 형언할 수 없이 부지런하게 알을 보살핀다.

개미들은 땅속 2.5미터 정도에 지하실을 만드는데, 사람 손으로 만든 것처럼 훌륭하게 짓는다. 또한 다른 곳으로 가고 싶은데 길이 없으면 다리를 만든다. 이를테면 첫 번째 개미가 자리를 잡고 나뭇조각을 입에 물면, 두 번째 개미가 첫 번째 개미의 뒤에 자리 잡은 뒤

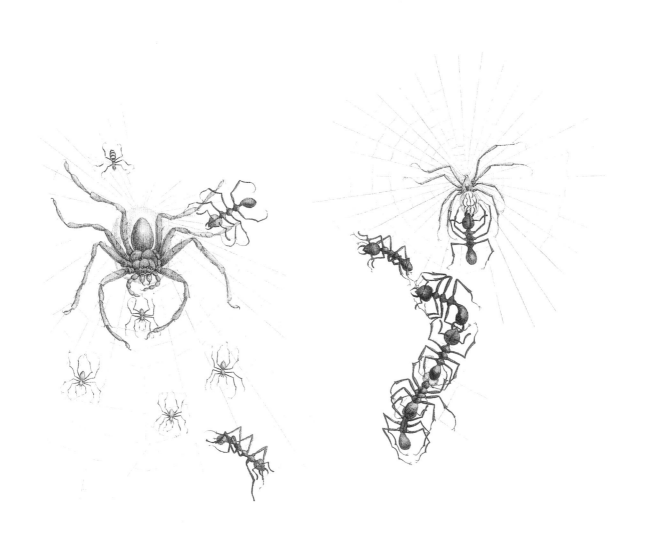

첫 번째 개미를 꽉 붙들고, 세 번째 개미는 두 번째 개미를, 네 번째 개미는 세 번째 개미를 붙드는 식으로 계속 이어 나간다. 이런 방법으로 바람에 몸을 실어 마침내 반대편에 닿아 매달린다. 그러면 수천 마리의 개미가 다리를 건너듯 전부 그 위를 건너간다. 이 개미는 거미를 비롯한 이 나라의 모든 곤충과 줄곧 적대적인 관계다. 이들은 1년에 한 번 헤아릴 수 없이 거대한 무리를 이루어 자신들의 지하실에서 나온다. 집 안으로 들어와 이 방에서 저 방으로 옮겨 다니며 크고 작은 모든 동물을 빨아먹는다. 대형 거미도 눈 깜짝할 새에 먹어 치우는데, 워낙 많은 개미가 달려들어서 거미가 달아나지 못하기 때문이다. 개미 떼가 이 방에서 저 방으로 옮겨 다닐 때는 사람도 피해야 한다. 집 전체를 해치우고 난 뒤에야 옆집으로 옮겨 가고, 마침내 자신들의 지하실로 돌아간다.

앞서 말한 것처럼 거미들은 둥지에 있는 벌새를 잡아먹는다. 수리남에서 벌새는 사제들의 음식으로, 사제들은 그런 작은 새 말고 다른 음식을 먹는 것이 금지되어 있다(그렇다고 들었다). 벌새는 여느 새들처럼 네 개의 알을 낳아 부화시킨다. 날아다니는 속도가 매우 빠르다. 공중에서 미동도 하지 않는 것처럼 정지한 채로, 날개를 쫙 펴고 꽃에서 꿀을 빨아먹는다. 공작보다 더 화려한 갖가지 아름다운 빛깔을 띠고 있다.

19장

구아바 나무와 구슬 달린 애벌레

　인디언들이 그 열매의 이름을 따라 **구아바**라고 부르는 나무의 가지이다. 나무는 독일의 사과나무 크기만큼 자라고, 잎은 자두나무 잎처럼 생겼다. 꽃은 흰색이며, 작고 노란 술이 많이 달려 있다. 열매의 껍질은 얇고 노란색이다. 과육은 불그스름하며, 그냥 먹어도 맛있고 삶아 먹어도 좋다. 열매 안에는 붉은 과즙에 작은 씨들이 가득 들어 있는데, 삶아 먹고 싶다면 과즙과 씨를 숟가락으로 모두 떠내야 한다. 사람들은 이것으로 파이로 만들거나 이를 설탕에 절인다. 이 나라가 원산지인 나무이므로 아주 잘 자라며, 황야나 덤불에서 많이 발견된다.

　구아바 나무에서 커다란 애벌레를 많이 발견하여 잎을 먹이로 주었다. 검은 줄무늬를 두른 흰색 애벌레로, 50개의 반짝이는 구슬이 각 면에 달려 있다. 레이우엔훅 씨는 서한 146번(430~452쪽)에서 이 구슬을 눈이라고 했다. 그런데 나는 지금까지 이를 인정할 수 없다. 이것이 눈이라면 애벌레가 뒤쪽과 옆쪽으로도 먹이를 발견할 수 있어야 하는데, 나는 이제껏 그런 경우를 보지 못했다. 게다가 구슬 위에는 언제 보더라도 각막이 없다. 애벌레가 다 자라면 나무에 매달려 커다란 회색 고치를 짓는다. 그런 다음 번데기로 변하는데, 1699년 10월 20일에 나는 그 과정을 보았다. 1월 22일에는 거기에서 검은 줄무늬로 장식된 흰색 나방이 나왔다. 일부 애벌레에서는 흰색 구더기가 나왔고, 열흘 뒤에 멋진 초록색 파리가 되었다.

　위쪽에 있는 초록색 애벌레에게 이 잎을 먹였더니, 1700년 8월 2일에 잎사귀에 매달려 있는 모습과 같은 번데기로 변했고, 15~17일에 검정 무늬가 있는 투명한 나비가 나왔다.

✤

이 장과 앞 장에 있는 두 개의 나뭇가지는 《암스테르담 약용식물원》 63장에 '달콤하고 하얀 구아바'라고 기재되어 있다. 두 품종이 암스테르담 식물원에서 재배되고 있으며, 한 차례 이상 꽃이 피고 열매를 맺었다. 이 나무에 대해 많은 저자들이 제시하거나 기재한 다양한 이름은 내가 쓴 《말라바르 식물 편람》의 '달콤하고 하얀 구아바' 항목에서 모두 찾아볼 수 있다.

20장

구미 구타 나무

    1700년 4월에 나는 수리남에 있는 소멜스데이크[17] 양의 프로비던스 농장에 머물며 다양한 곤충을 관찰했다. 산책 중에 **구미 구타 나무**Gummi Gutta Boomen 자생 군락을 발견하여 그 나뭇가지 하나를 여기에 그려 놓았다. 나무껍질에는 유럽의 자작나무처럼 흰 줄무늬가 있으며, 나무를 베면 고무Gummi가 흘러나온다. 염료를 다루는 이들에게 알려져 있으니, 고무를 설명할 필요는 없을 것이다.

    나무에서 초록색 줄무늬가 있는 커다란 검정 애벌레를 발견했다. 4월 말까지 구미 구타 나뭇잎을 먹였더니, 애벌레는 나무 색의 커다란 고치를 만들었고 그 안에서 번데기가 되었다. 6월 3일에 아름다운 나비가 나왔으며, 날고 있는 모습과 앉아 있는 모습으로 여기에 표현했다. 애벌레는 변태하기 전에 초록색 부위가 붉은색으로 변했다. 다시 말해 번데기가 되기 전이자 애벌레가 다 자란 후에 말이다.

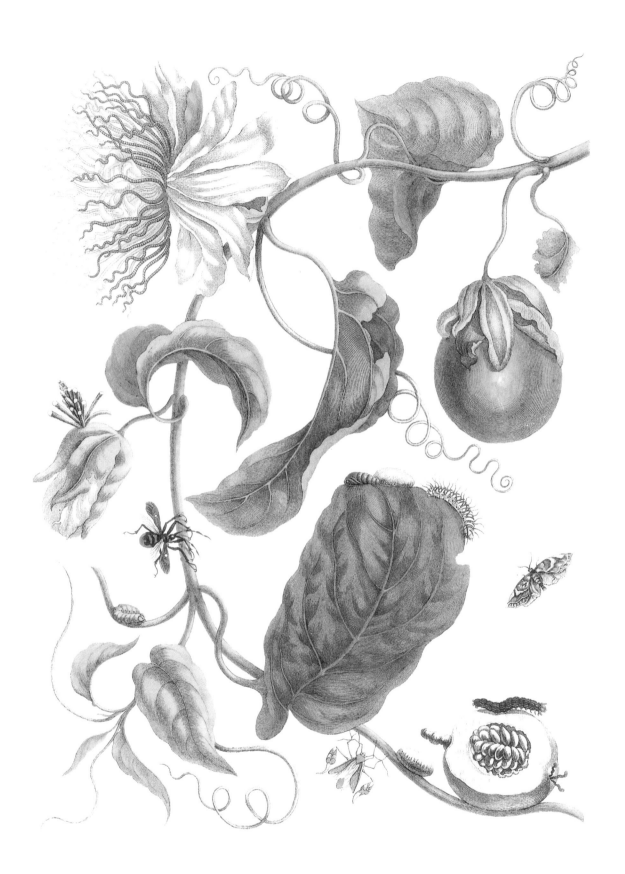

21장

마르키아스

이 노란색 열매는 아메리카에서 **마르키아스**Marquiaas 라고 부른다. 열매가 맺기 전에는 시계꽃이 피는데, 유럽 종보다 훨씬 크다. 꽃은 아주 좋은 향기를 풍기며, 그 향기는 멀리서도 맡을 수 있다. 줄기가 메꽃처럼 덩굴로 타고 올라가며, 수리남의 네덜란드인들은 그다지 활용하지 않지만 정원의 정자를 우거지게 뒤덮는 데 적합하다. 2년이면 이 덩굴로 정자가 빽빽하게 덮이고, 꽃향기 덕분에 온갖 날짐승이 머문다. 열매 안에는 끈끈한 흰색 과육이 검은 씨들을 둘러싸고 있으며, 시원하고 맛이 좋다.

큼직한 잎사귀에 붙어 있는 첫 번째 애벌레는 이 잎을 먹고 산다. 1701년 5월 28일에 고치를 지었고, 애벌레 옆에 보이는 것처럼 번데기가 되었다. 6월 7일에는 여기서 날고 있는 모습으로 표현된 것과 같은 나비가 나왔다.

잎자루에 붙어 있는 두 번째 초록색 애벌레는 5월 말에 시계꽃에서 발견했다. 이 애벌레는 아주 특이한 거처에서 먹이를 먹고 있었는데, 속이 비어 있는 작은 관처럼 생긴 잔가지 여러 개로 만든 집이었다. 애벌레는 꽃봉오리 위에 보이는 것과 같은 이 조그만 집에서 살짝살짝 주변을 살피면서 이 관에서 저 관으로 들락거렸다. 6월 10일에는 줄기에 앉아 있는 것과 같은, 붉은 무늬로 장식된 갈색 곤충이 나왔다.

열매 위에 앉아 있는 세 번째 애벌레도 이 잎사귀를 먹고 산다. 6월 4일에 줄기에 놓인 것과 같은 고치를 지었다. 그리고 14일에 줄기 아래 앉은, 다채로운 색깔의 아름다운 파리가 나왔다. 다리가 양쪽으로 갈라져 있는데, 아주 연약해서 살짝 건드리기만 해도 떨어진다.

❋

마르그라프가 '무루쿠이아 과쿠Murucuia Guacu', 피스가 '무루쿠이아 콰르타Murucuia quarta'라고 말한 식물이다. '감귤 모양의 열매와 타원형 잎이 있는 클레마티스 인디카Clematis indica'라고도 한다(《아메리카의 식물》,[18] 68쪽, 도해 80). 또한 투른포르는 《식물학의 요소들》에서 '감귤류 열매와 타원형 잎이 있는 그라나딜라Granadilla'로, 헤르만은 《레이던 대학교 식물원 편람》에서 '고난의 꽃, 구아바보다 더 큰 잎을 가진 쿠쿠미스Cucumis'로 칭했다. 헤르만은 꽃 모양 때문에 흔히 '시계꽃'이라 부르던 이 식물을 다른 종으로 분류한 것이다. 또한 그는 앞서 펴낸 《편람》[《레이던 대학교 식물원 편람》]에 큰 오류가 있었다는 듯 《바타비아 정원 서설》에서 이 식물을 '덩굴식물'의 일종으로 분류했다(꽃과 씨방에 관한 한 시계꽃과는 전혀 공통점이 없다). 이후 《바타비아 정원》 177쪽에서 그 내용이 수정되었다.[19]

22장

붉은 백합

붉은 백합은 자생하는 흰색 알뿌리에서 자란다. 그 특성은 알려져 있지 않다. 초록색 잎사귀가 비단처럼 빛난다. 나는 알뿌리 몇 알을 네덜란드로 가져왔다. 네덜란드의 정원에서 꽃이 먼저 피었고 그다음에 잎이 나왔다.

초록 잎사귀 위에 누워 있는 털 난 애벌레는 머리와 발이 붉은색이다. 몸통에는 푸른 얼룩무늬가 있고 노란색 고리가 둘러져 있다. 털은 검은색이며 철사처럼 빳빳하다. 이들은 이 초록 잎사귀를 먹이로 삼는다. 6월 4일에 이 식물의 가운데 보이는 것과 같은 타원형 고치를 만들더니 그 안에서 갈색 번데기로 변했으며, 6월 30일에 거기에서 아름다운 나방이 나왔다. 나방의 앞날개는 나무 색 내지는 연한 황토색이었다. 뒷날개는 여기서 날고 있는 모습에서 보이는 것처럼 오렌지색이며, 검은 얼룩무늬가 있다.

초록색과 흰색 줄무늬가 있는 붉고 작은 애벌레는 수리남에서 이 백합 옆 풀밭에서 발견했다. 8월 10일에 초록 잎사귀 위에 있는 것과 같은 흰색 고치를 지었고, 8월 24일에 (여기에 보이는 것처럼) 노란색과 검은색이 어우러진 파리가 나왔다.

털 달린 애벌레는 12장의 바나나에서 발견한 애벌레와 매우 다른데, 그런데도 거의 같은 종류의 나방이 나왔다.

✤

이 식물은 '흰색 뿌리에서 꽃을 피우는 릴리오-나르치수스 폴리안토스Lilio-Narcissus Polyanthos'(슬론의 《자메이카섬 식물 편람》)이며, 헤르만의 저서 《바타비아 정원》에는 '벨라 도나Bella dona라 부르는, 분홍색 꽃이 피는 아메리카 백합'이라는 이름으로 기재되어 있다.

23장

바코버

이 노란색 열매는 **바코버**Baccoves 라고 부르는데, 12장에 나오는 **바나나**의 일종이다. 줄기에서 바나나와 같은 종류의 잎이 나며, 바나나와 바코버의 차이는 유럽에서 사과와 배 정도에 지나지 않는다. **바코버**는 과육이 바나나만큼이나 부드럽고, 쓰임새도 같다. 다만 이 열매는 설탕과 물을 섞어 상당한 신맛이 나는 식초를 만드는 데 사용된다는 점이 다르다.

나무의 잎사귀에서 발견한 갈색 애벌레는 등에 네 개의 가시 돌기가 돋아 있다. 머리에 왕관을 쓴 듯하고, 꼬리는 양 갈래로 갈라졌으며, 발은 붉은색이다. 12월 3일에 몸을 고정시키더니 양쪽에 은색 무늬가 두 개씩 있는 나무 색 번데기가 되었다. 12월 20일에는 이 번데기에서 아름다운 나비가 나왔다. 두 개의 앞날개 바깥쪽은 연한 황토색이며, 뒷날개 바깥쪽은 아름다운 푸른색이다. 날개의 안쪽 전체에는 노란색, 갈색, 흰색, 검은색의 줄무늬가 있다. 네덜란드에서는 작은 아틀라스 나방이라고 부른다.

푸른 도마뱀과 그 알을 여기에 그려 놓은 주된 이유는 도면을 장식하기 위해서다. 도마뱀은 내가 살던 집 바닥에 둥지를 틀었다. 둥지에 알을 네 개 낳아 놓았는데, 줄기에서 볼 수 있는 세 개의 알처럼 둥글고 흰색이다. 나는 네덜란드로 돌아오는 배에 알들을 싣고 왔다. 바다 위 배에서, 줄기에 보이는 것처럼 작은 도마뱀 새끼가 부화했다. 하지만 어미와 먹이가 없어서 죽고 말았다.

12장에서 설명한 '무사 세라피오니스'의 일종이다. '무사Musa' 속에 속하는 여러 종이 있는데, 《말라바르의 정원》 1권 20쪽에 16개에 달하는 종과 그 차이점이 기재되어 있다.

24장

노란 꽃이 피는 마카이

수리남에 자생하는 **난쟁이 엉겅퀴**이다. 노란 꽃이 피며, 수리남에서는 **마카이** Maccaï 라고 부른다. 성인 남자 키에 가깝게 자란다. 잎이 매우 특이하며, 잎맥은 연하고 푸르스름하다.

머리와 꼬리는 검고 몸통은 꽈리색인 자그만 굼벵이들이 이 가시투성이 식물 밑에서 그 뿌리를 먹고 있는 모습을 발견했다. 굼벵이는 식물 아래쪽에 보이는 것과 같은 노란 얼룩무늬 딱정벌레로 점차 변했다. 1701년 3월에 이를 발견했는데, 내게는 이 변태 과정이 보통 애벌레의 것과 다르게 보였기에 딱정벌레의 변태 환경을 더 연구하기로 마음먹었다.

1701년 3월 26일에는 썩은 나뭇조각에서 또 다른 종류의 굼벵이를 발견했다. 이 굼벵이는 서서히 변태했기 때문에 딱정벌레로 변하는 모습을 볼 수 있었다. 요컨대 하반신의 일부는 위쪽에 보이는 것처럼 여전히 굼벵이의 모습을 닮았다. 굼벵이의 이빨은 자라나 점점 커져서 딱정벌레의 더듬이가 된다. 몸통의 날개는 처음에는 황토색이었다가 온몸이 제 크기로 다 자라면서 검은색이 된다. 알을 낳으며, 그 알에서 그림 속 식물의 가운데 놓여 있는 것과 같은 굼벵이가 다시 나온다.

✢

이 식물은 카스파어 바우힌과 요한 바우힌[20]이 말한 '파파베르 스피노숨 Papaver spinosum'이다. 투른포르는 《식물학의 요소들》에서 타당한 근거를 제시한 뒤 그와 분리된 새로운 속을 만들어 '아르게모네 멕시카나 Argemone Mexicana'라는 이름을 제시했다.

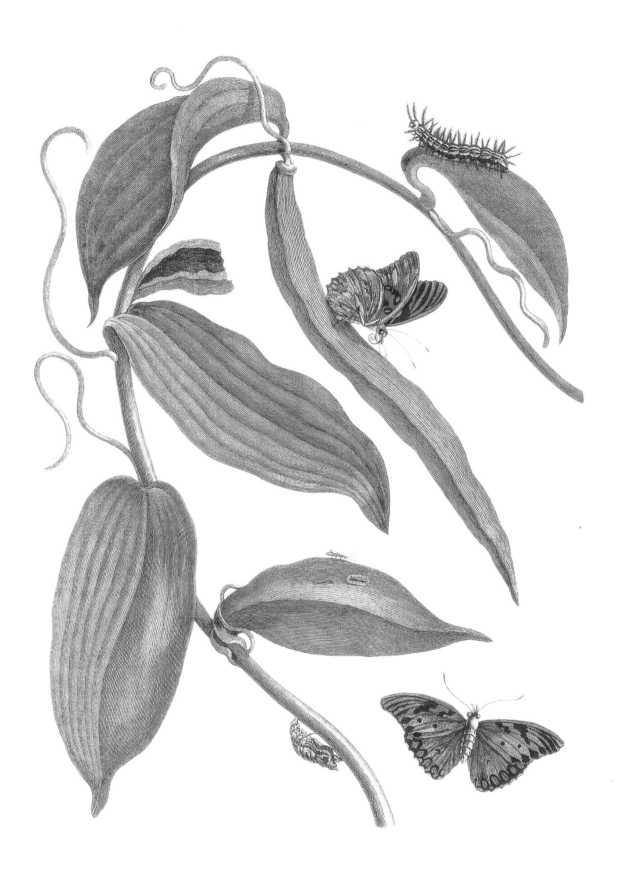

25장

바닐라

이 식물은 **바닐라** 중에서 가장 큰 종이다. 수리남에는 두 가지 종이 서식하는데, 다른 한 종은 잎과 열매의 크기가 조금 더 작다. 잎은 손가락만 한, 유럽 바위솔 정도의 굵기다. 담쟁이덩굴처럼 나무를 타고 올라가 칭칭 감는다. 줄기와 잎은 풀색이다. 초록색 열매는 콩처럼 세모꼴이며, 향기롭고 기름진 씨로 가득 차 있다. 키 큰 나무를 감으며 자생하지만, 되도록이면 축축하고 늪지 같은 곳에서 자라는 나무를 좋아한다. 초콜릿을 만들 때 [가미하는] 원료로 잘 알려져 있다. 그 나라에서 어느 누구도 호기심을 갖고 이런 작물을 재배하지 않는다는 점과 그 넓고 비옥한 땅에서 분명히 발견할 수 있을 다른 작물을 더 찾아보지 않는다는 점이 유감스럽다.

이 식물에서 노란 줄무늬가 있는 갈색 애벌레를 발견했다(21장의 무루쿠이아 혹은 시계꽃에서도 볼 수 있다). 애벌레는 5월 말까지 이 식물을 먹다가 몸을 고정시켜 번데기가 되었다. 6월 7일에 거기에서 이와 같은 아름다운 나비가 나왔다. 여기에 앉아 있는 모습과 날고 있는 모습으로 표현했는데, 안쪽은 사프란색이며 바깥쪽은 노랑, 빨강, 갈색에 은빛 무늬로 장식되어 있다.

이 식물에는 맨 아래쪽 잎에 보이는 것과 같은 자그만 초록색 애벌레도 있다. 1700년 2월 12일에 초록색 번데기가 되었고, 다음 날 거기에서 작은 회색 나방이 나왔는데 무척 잽싸게 날아다녔다.

✤

이 식물은 레이[21]가 말한 '멕시코의 식물 잎이 달린 볼루빌리스 실리쿠오사Volubilis siliquosa'이고, 에르난데스의 《멕시코 자연사》에 기재된 '꼬투리가 검고 아로마 향을 내는 플릴크소키틀Flilxochitl'이며, 플뤼미에의 연구서 《아메리카의 새로운 식물 종류》[22]에 기재된 '녹색과 흰색 꽃이 피고 꼬투리가 검게 변하는 바닐라'이다. 다양한 저자들이 이 식물의 여러 다른 이름을 제시했는데, 플루케닛의 《식물학 대계》[23] 381쪽에서 그 이름을 모두 찾아볼 수 있다.

26장

카카오나무

이 그림은 **카카오나무**의 가지이다. 잎은 단단하고 빳빳하며 풀색이다. 나무는 사과나무의 키만큼 자라며, 익은 열매, 덜 익은 열매와 꽃이 동시에 열리고 핀다. 꽃은 불그스름하며, 나무줄기의 양옆에서 돋아난다. 어린 열매는 붉은 기가 감도는 초록색이고, 익으면 레몬 같은 노란색이 된다. 열매의 껍질은 두꺼우며, 땅에 거름으로 쓰인다. 콩, 다시 말해 씨는 그늘에서 딱딱해질 때까지 말린 다음 다른 나라로 수출한다. 이 나무는 수리남에서 아주 잘 자라지만 그럼에도 키우는 데 힘이 든다. 태양의 강한 열기를 견디지 못하므로 항상 다른 나무의 그늘에서 보호를 받아야 하기 때문이다. 그래서 나무가 아직 어릴 때 그 옆에 바나나, 즉 바코버를 심어 열기를 가려 준다.

카카오나무에서 그림의 초록 잎사귀에 보이는 것과 같은, 붉은 줄무늬가 있는 검은 애벌레를 많이 발견했다. 애벌레는 그 잎사귀를 먹이로 삼고 있었다. 몸통에는 붉은 줄무늬에다가 작고 흰 점들이 있다. 천성이 느릿느릿하고 둔하다. 3월 26일에 번데기가 되었으며, 4월 10일에 검은 줄과 점으로 장식된 흰 나방이 나왔다.

⚜

이 나무는 '카카오 클루시이Cacao Clusii' 및 '과테말라산 아미그달리스Amygdalis'(바우힌의 《식물의 극장 총람》)이다. 이전에 알려진 어떤 속으로도 분류하기 어렵다. 그래서 투른포르도 《식물학의 요소들》에서 이 나무를 특별한 속으로 제시한 뒤 그 꽃과 열매를 상세하게 기재하고 그려 놓았다.

27장

소돔의 사과

이 열매는 **소돔**의 사과라고 부르는데, 1.5~2엘[102~136센티미터 내외]의 키에 온통 뾰족한 가시로 뒤덮인 식물에서 열린다. 그 잎사귀조차 예외가 아니다. 마치 자연이 경고 표지판을 붙여 놓은 듯하다. 하지만 실제 잎은 만져 보면 부드럽다. 열매, 즉 사과는 그곳에서는 노란색이지만 이곳에 심으면 붉은색이 되며, 독성이 강해 사람과 가축이 먹으면 죽고 만다. 열매 안에는 불그스레한 갈색 씨가 가득 들어 있다.

식물의 위쪽 초록색 이파리에 앉아 있는 것과 같은, 붉은 줄무늬가 있는 갈색 애벌레를 발견했다. 1700년 9월 24일에 위쪽 이파리에 있는 것과 같은 갈색 번데기가 되었다. 10월 12일에는 이파리에 앉아 있는 모습과 같은, 갈색 무늬로 장식된 누르스름한 나방이 나왔다.

줄기 위를 기어가는 굼벵이는 오렌지색이다. 한 흑인 여자 노예가 내게 가져다주며, 거기서 아름다운 메뚜기가 나온다고 알려 주었다. 이 굼벵이는 갈색의 기포처럼 변했는데, (주민들의 한결같은 증언에 따르면) 거기에서 초록색 생물체가 나오고 날아다니는 메뚜기처럼 점차 날개가 생길 것이다. 둥근 번데기가 죽는 바람에 나는 이 점을 관찰로 확인하지 못했다. 하지만 다른 사람들이 자신의 경험을 근거로 삼아 내게 장담했기에 아무 말 없이 지나가고 싶지 않았으며, 다른 애호가들에게 이것이 확실한지 연구할 기회를 넘긴다.

✤

이 식물은 투른포르의 《식물학의 요소들》 149쪽에 '줄기와 잎에 노란 가시가 있으며 즙이 많은 열매를 맺는 솔라눔 아메리카눔 몰레 Solanum americanum molle'로 명명되어 있다. 플루케닛은 《식물 계통 분류》[24]의 도해 266에서 이 식물을 '잎에 가시가 많고 황금색 열매를 맺는 솔라눔 바르바덴세 Solanum Barbadense spinosum'라고 불렀다. 도해와 함께 수록된 그림에 잎이 다소 대강 그려져 있지만, 그래도 같은 식물이다. 슬론은 《자메이카 섬 식물 편람》에서 이 식물을 '뒤집힌 서양 배 모양의 열매를 맺는 솔라눔 포미페룸 토멘토숨 Solanum pomiferum tomentosum'이라고 명명했다.

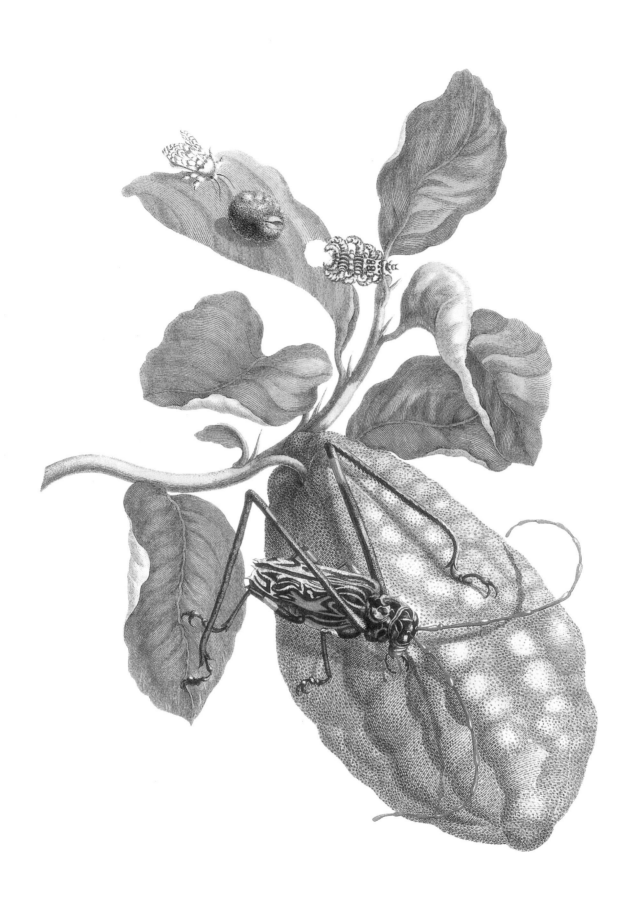

28장

시트론

　가장 큰 종류의 이 아름다운 **시트론**은 수리남에서 자생한다. 나무의 키는 유럽에서 가장 큰 사과나무만큼 크다. 잎과 꽃이 그 열매에 비례하여 더 굵고 크다는 점을 제외하면 모든 면이 일반 레몬과 동일하다. 열매는 껍질이 두껍고 과육이 얼마 되지 않는다. 익으면 보통 레몬처럼 노란색이다. 이것으로 설탕 절임을 만드는데, 네덜란드에서는 쉬카더 sukade, 독일에서는 지트로나트 zitronat 라고 부른다. 네덜란드에서는 쿠크 koek [케이크와 비슷한 네덜란드의 과자]를 구울 때도 이를 넣는다.

　이 나무에서 이상하고 아주 특이한 종류의 생물을 발견했는데, 애벌레와는 전혀 유사점이 없었다. 달팽이처럼 달라붙어서 이 잎을 먹는데, 잎을 붙잡고 있는 발 위에 피부가 덮여 있었다. 독성이 있어서 닿기만 해도 사지가 굳고 염증으로 부어오른다. 1701년 6월 11일에 그림의 잎사귀 위에 보이는 모습처럼 허물을 벗고 고치를 지었다. (내가 네덜란드로 가는 배에 승선한 이후인) 1701년 6월 27일에 신기한 나방이 나왔고, 그 모습은 같은 잎사귀에 그려 놓았다.

　열매 위에 앉아 있는, 노랑과 빨강 얼룩무늬의 아름다운 검정 딱정벌레는 희귀하기도 하거니와 도면을 채워 장식할 요량으로 그렸다. 어디에 속하는지는 알 수 없는데, 그 연구는 다른 이들의 몫으로 넘기겠다.

❧

이 시트론은 17장의 라임 나무와 11장[9장의 오기인 듯하다]의 석류나무처럼 네덜란드에 잘 알려져 있다. 그러므로 상세한 설명을 덧붙이지 않겠다.

29장

폼펠무스

커다랗고 맛있는 이 열매는 수리남에서 **폼펠무스**Pompelmoes라고 부른다. 나무는 사과나무 크기만큼 자라며, 열매가 한가득 매달려서 그 무게 때문에 나뭇가지가 부러질 듯 위태로울 지경이다. 열매는 오렌지보다 단맛이 적고, 레몬보다 신맛이 덜하다. 껍질과 과육은 이둘보다 더 단단하고, 그래서 맛이 더 좋다.

이 나무에 초록색 애벌레가 서식하는데, 머리는 푸른색이고 몸은 철사처럼 단단하며 긴 털로 뒤덮여 있다. 초록색 잎사귀를 먹고 산다. 8월 3일에 몸을 고정시키더니 갈색 얼룩무늬 번데기가 되었다. 19일에 검정, 초록, 파랑, 흰색을 띠면서 금은처럼 반짝이는 아름다운 나비가 나왔다. 무척 날쌔고 높이 날아다니는 통에, 애벌레에서 나올 때 말고는 온전하게 손에 넣을 수가 없다.

✻

이 나무는 '폼펠무스pumpelmus라고 부르는 훌륭한 열매를 맺는 말루스 아우란티아 인디카Malus Aurantia indica'이다. 두 종류의 열매가 동인도의 다른 지역과 실론의 과수원에서 재배된다. 헤르만이 《레이던 대학교 식물원 편람》405쪽에 기재한 대로, 두 열매는 과육의 색깔만 다르다. 이 책에서 그는 이 나무를 위의 이름으로 명명했다.

30장

그리스도 종려나무

그리스도 종려나무는 수리남에서 **기름 나무**Olyboom 라고 부르는데, 크게 자라며 보기에 우아하다. 노란 꽃이 피며, 거기에서 가시 달린 씨방이 돋아난다. 이 씨들은 처음에는 초록색이다가 익으면 갈색이 된다. 씨를 물에 넣어 끓이면 기름이 분리되어 뜨는데, 수리남에서는 이를 걷어 내어 여러 상처를 치료하는 데 쓴다. 밤에 등불을 밝히는 기름으로도 사용한다.

씨 위를 기어가는 연두색 애벌레는 기다란 흰 털이 나 있으며, 이 초록색 잎을 먹는다. 5월 3일에 씨에 매달려 있는 것과 같은 번데기가 되었고, 같은 달 17일에 거기서 검은 나비가 나왔다. 나비의 앞날개는 유황색, 뒷날개는 주홍색이었다.

씨에 매달려 있는 검은색 애벌레는 노란 무늬로 장식되어 있으며, 이 나무를 비롯한 여러 나무에서 항상 무더기로 발견되었다. 마치 그물 침대 속의 인디언들처럼, 결코 완전히 집 밖으로 나오는 법이 없이 매달려 있다. 먹이를 구하러 다닐 때는 달팽이처럼 집을 끌고 다닌다. 집은 마른 나뭇잎으로 만든 듯하다. 어딘가에 머무를 때면 집을 야무지게 고정할 줄 안다. 4월 14일에 그물 침대 안에서 변태하여 평범한 나방이 나왔는데, 아주 야생적인 나방이었다.

✳

이 식물은 '초록색 줄기의 리치누스 아메리카누스 마요르 Ricinus Americanus major'(종케의 《왕실의 정원》)[25]이며, 《말라바르의 정원》 2권에 기재된 '아바나체 Avanacoe' 혹은 '치타바나쿠 Citavanacu'이다.

31장

장미

이 **장미**는 카리브 제도에서 수리남으로 가져온 것으로, 수리남에서 아주 잘 자란다. 아침에 꽃봉오리가 열릴 때는 흰색이고, 오후에 붉은색이 되며, 저녁에는 꽃이 진다.

이 장미에서 17장의 작은 라임 나무에 있는 것과 같은 종류의, 갈색 무늬로 장식된 흰색 애벌레를 볼 수 있는데, 잎사귀에 앉아 있는 모습으로 표현했다. 이들은 장미 잎사귀를 먹는다. 1700년 8월 26일부터 30일까지 잎사귀를 먹더니, 몸을 단단히 고정시킨 뒤 회색 번데기가 되었다. 9월 14일에 거기서 두 종류의 나비가 나왔다. 한 마리는 날개에 노란색과 검은색이 섞여 있다. 다른 한 마리는 날개 바깥쪽이 암녹색이며 뒷날개의 안쪽이 노랑, 초록, 빨강 무늬로 장식된 갈색이다. 그 밖의 특징은 동일하다.

❈

페라리는 자신의 저서 《꽃 재배》[26]에서 이 나무를 '로사 시넨시스 Rosa Sinensis'라고 명명했다. 투른포르는 이를 '둥근 열매를 맺는 케트미아 시넨시스 Ketmia sinensis'라고 타당하게 명명했다. 많은 저자들이 이 식물을 다양한 이름으로 불렀다. 이러한 이름은 모두 나의 저서 《말라바르 식물 편람》의 '다섯 가지 빛깔로 변화무쌍하게 변하는 꽃과 수바스페리스 Subasperis의 잎을 가진 알체아 아르보레슨스 야포니카 Alcea arborescens japonica' 항목에서 찾아볼 수 있다.

32장

슬라퍼르쩌

수리남에서 **슬라퍼르쩌**Slaapertje라고 부르는 식물이 내 정원에 있었다. 상처를 잘 아물게 해서 거기에 바르는 용도로 쓰인다. 밤에는 모든 잎이 두 장씩 서로 포개어져 마치 잎사귀가 하나인 듯 보인다. 줄기는 단단하며, 키는 1.7미터가량 자란다. 노랗고 작은 꽃이 핀 뒤 가늘고 기다란 깍지가 나오는데, 그 안에 작은 씨들이 가득하다. 뿌리는 흰색이며 섬유질이다.

이 식물에 누워 있는 애벌레는 이 잎사귀를 먹이로 삼는다. 초록색 몸에 분홍 줄무늬가 나 있으며 두 개의 더듬이로 치장하고 있다. 1700년 5월 20일에 탈피하기 시작하여 약간 더 밝은색이 되더니, 은색 반점으로 장식된 불그스름한 번데기가 되었다. 6월 4일에 노란 무늬가 있는 갈색 나비가 나왔는데, 여기에 날고 있는 모습과 앉아 있는 모습으로 그려 놓았다.

⚜

이 식물은 피스가 네 번째 저서 23장[27]에 '파이오미리오바 세쿤다Paiomirioba secunda'라고 기재했고, 헤르만은 《레이던 대학교 식물원 편람》에서 '독성은 적지만 아편 향이 나며 매끄러우면서도 윤기 없는 잎을 가진 센나 오치덴탈리스Senna Occidentalis'라고 했다. 그런데 이 식물은 '센나 알렉산드리나&이탈리카Senna Alexandrina & Italica'와 꽃만 비슷할 뿐 그 외의 공통점은 없다. 투른포르는 꽃과 열매가 더 유사한 '카시아 피스툴라 알렉산드리나Cassia fistula Alexandrina' 속으로 이 식물을 분류한 뒤 '수브로툰디스Subrotundis의 뾰족한 잎을 가진 카시아 아메리카나 포에티다Cassia Americana foetida'라고 불렀는데, 이는 매우 타당하다. 그의 저서 《식물학의 요소들》 619쪽에서 이 식물을 찾아볼 수 있다.

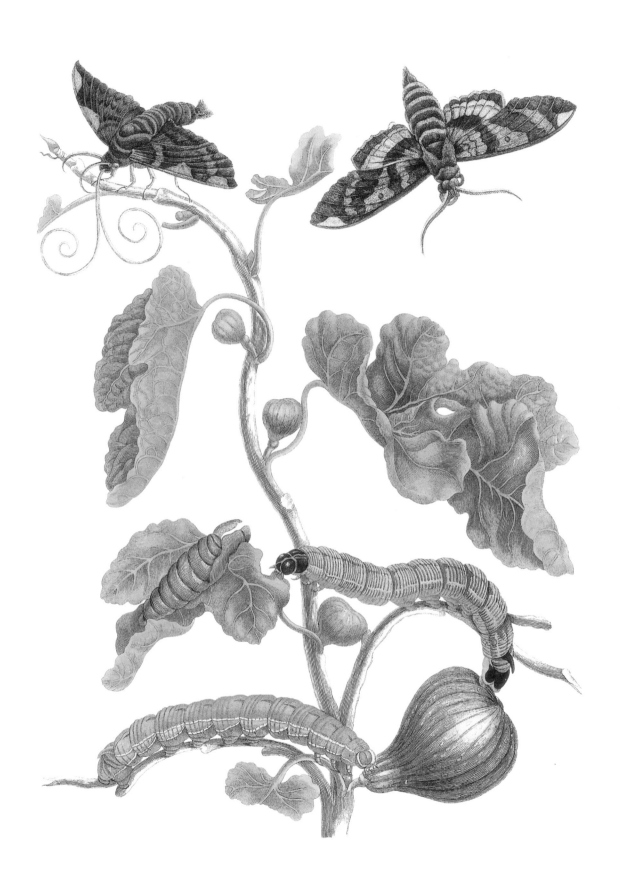

33장

무화과나무

아메리카의 **무화과**는 유럽에서 볼 수 있는 무화과와 완전히 똑같기 때문에 여기서 따로 기술할 필요는 전혀 없다. 재배하겠다는 마음만 먹는다면 수리남에서 무화과나무는 더 넘쳐날 것이다. 무화과는 맛이 아주 좋으며 청량감을 주는 열매로, 더운 나라 주민에게 아주 유용하다.

이 나무에서 아래쪽에 보이는 것과 같은 애벌레를 발견했다. 이 나뭇잎을 먹이로 삼고 있었다. 3월 22일, 노란 줄무늬가 있는 초록색이던 애벌레의 온몸이 붉은 줄무늬가 있는 짜리색으로 변했다. 머리와 꽁무니는 검은색이 되어, 이전 모습과는 전혀 닮은 데가 없었다. 또한 아무것도 먹지 않은 채 그저 서서히 다갈색의 번데기로 변하더니, 1701년 4월 12일에 위쪽에 날고 있는 모습으로 그려진 것과 같은 아름다운 갈색 나방이 나왔다. 며칠 후에 또 다른 나방 한 마리가 나왔는데, 줄기 위쪽에 앉아 있는 모습처럼 날개가 훨씬 짙은 색깔이었고 무늬도 앞의 나방과는 달랐다.

✤

무화과나무와 그 열매는 유럽에 익히 알려져 있으니 많은 말을 덧붙일 필요는 없을 것이다. 이 나무에는 특별한 종이 많이 있으며, 주로 열매의 차이로 종을 구분한다. 이는 투른포르의 《식물학의 요소들》 262~263쪽에서 찾아볼 수 있다.

34장

포도나무

    수리남에서 **포도나무**는 몹시 무성하게 잘 자라며, 이를테면 파랑, 초록, 흰색 종류가 있다. 가지를 잘라 땅에 꽂아 두면 6개월 뒤에는 익은 열매를 즐길 수 있다. 매달 그렇게 한다면 1년 내내 포도를 얻을 수 있을 것이다. 그럼에도 수리남에서 포도를 재배하려는 사람이 없다는 점이 애석하다. 연중 여러 차례 포도를 수확할 수 있으니, 수리남으로 포도주를 들여올 필요가 없고 오히려 네덜란드로 포도주를 수출할 수도 있을 텐데 말이다.

    1700년 8월 26일에 포도나무 가지에서 여기 그려 놓은 것과 같은 애벌레를 발견했다. 잎사귀를 먹고 있고, 아름다운 흰색으로 치장한 갈색 애벌레였다. 많은 양을 빠르게 먹었으며, 배설물도 많고 큼직했다. 꽁무니 마디에 있는 검은 반점 가운데에는 조그맣고 하얀 피부 부분이 있는데, 수정처럼 반짝이며 숨을 쉴 때마다 오르락내리락했다. 레이우엔훅 씨는 자신이 관찰한 것을 애벌레의 눈이라고 했다(저자의 서한 146번 430~452쪽을 참조하라). 그런데 나는 무척 큰 이 애벌레들을 관찰해 보았지만 이것이 눈이라는 것을 발견하지 못했다. 8월 26일, 이 애벌레 중 한 마리가 포도나무 잎사귀 하나를 고이 말더니 그 안에서 번데기로 변했다. 9월 15일에는 거기서 뒷날개에 파란색과 붉은색이 어우러진 아름다운 초록색 나방이 나왔다.

    ❋

포도나무는 유럽에서 더 잘 알려진 데다가 아메리카에서보다 더 다양한 종류가 재배되므로 설명을 덧붙이지 않겠다.

35장

초록색 열매가 줄줄이 달린 나무

　여기에 그려 놓은 나뭇가지는 어떤 야생 나무의 가지이다. 열매가 가톨릭 신자의 묵주알처럼 줄줄이 매달려 있다. 꽃의 색깔은 복숭아꽃과 아주 흡사하다. 열매는 초록색으로, 일고여덟 개가 함께 달린다.

　식물 위에 있는 것과 같은, 갈색 무늬의 불그스름한 애벌레를 이 나무에서 처음 발견했다. 이후에는 키가 큰 코코넛 야자나무에서 꽤 큰 무더기로 발견했다(이 나무는 다른 사람들이 글과 그림으로 소개한 바 있고 워낙 커서 책에는 싣지 않았다). 애벌레는 나무에 둥지를 만들었는데, 둥지는 길이가 0.5엘[34센티미터 내외]쯤 되고 황토색이며 단단하게 꽁꽁 짜인 상태였다. 그 안에는 셀 수 없이 많은 애벌레와 이들이 벗어 놓은 허물이 있었다. 나는 이들의 활동을 관찰하기 위해 둥지를 집으로 가져와 이 나무의 잎에 매달아 놓았다. 그리고 이들이 낮에는 둥지 안에 숨어 지내다가, 밤이 되면 밖으로 나와 먹이를 찾으러 간다는 사실을 발견했다. 둥지들은 열매와 아주 가까이 있는 잎사귀에 매달려 있었다. 4월 초에 애벌레들은 이 나무와 그 주변에 매달린 채 번데기로 변했다. 번데기는 색깔이 곱다. 4월 14~16일에 거기서 노란 무늬가 있는 갈색 나비가 나왔다. 또한 이 나무에서 잎사귀를 먹고 있는, 잔털 달린 조그만 갈색 애벌레도 발견했다. 이 애벌레는 4월 9~10일에 고치를 지었고, 4월 23일에 나무 아래쪽에 날고 있는 모습으로 표현한 것과 같은 검은 무늬의 투명한 나비가 나왔다.

✾

　이 식물은 지금까지 어느 누구도 글과 그림으로 소개한 적이 없다. 내 생각에는 '약간 불그스름한 꽃이 피는 코로닐라 아메리카나 아르보레슨스 Coronilla Americana arborescens'라고 명명하면 되겠다.

36장

흰 꽃이 피는 식물

이 식물은 숲속에서 발견했는데, 더위 때문에 혹은 금방 시들어 버려서 베어 낼 수가 없었다. 그래서 나의 인디언들을 시켜 뿌리째 캐내 집으로 가져오게 한 다음 내 정원에 심었다. 뿌리가 새하얗다는 점만 빼고는 담배와 유사하며 투베로사와 같은 흰 꽃을 피운다. 꽃이 지면 6개월 후에 다시 꽃이 핀다. 이 식물의 이름과 특성은 수리남에서 알려진 바가 없다. 그곳 사람들은 그와 같은 것을 탐구하려는 마음 또한 없다. 사실 그들은 내가 그 나라에서 사탕수수가 아닌 다른 뭔가를 찾아다니는 모습을 비웃었다. 하지만 (내 생각에는) 접근만 가능하다면 수리남의 숲에서 더 많은 식물을 발견할 수 있을 것이다. 숲에는 엉겅퀴와 가시덤불이 워낙 빽빽하게 우거져서, 노예들의 손에 먼저 도끼를 들려 보내 내가 얼마간 지나갈 수 있게끔 길을 내도록 해야만 했다. 매우 성가시고 힘든 일이었다.

이 잎사귀를 먹고 있는, 희고 검은 얼룩무늬가 있는 갈색 애벌레를 발견했다. 1701년 4월 14일에 애벌레는 번데기로 변했고, 같은 달 26일에 거기서 갈색과 흰색으로 장식된 나비가 나왔다. 뒷날개에는 네 개의 꽈리색 무늬가 있다.

이 식물에 조그만 흰색 생물체도 있었는데, 몸 뒤쪽에 자신의 허물을 달고 다니면서 초록색 이를 잡아먹었다. 후다르트가 1권 90쪽에서 기술한 것으로,[28] 이 식물에 살고 있었다. 4월 초에 고치를 지었고, 10일 후에 거기서 나무 색 파리들이 나왔다.

37장

오커룸

이 식물은 수리남에서 **오커룸**Okkerum 또는 **알테아**Althea 라고 부른다. 학자들에게 익히 알려진 식물이다. 아메리카 노예들은 이 열매를 삶아 먹는다. 성인 남자 키보다 높이 자라며, 노란 기가 도는 흰색과 분홍색의 두 가지 꽃이 핀다. 열매를 쪼개면 실 같은 끈적한 점액이 나온다.

식물 위를 기어가는 애벌레는 이 잎사귀를 먹는다. 1700년 6월 12일에 고치를 지었고, 열매 옆에 놓인 것과 같은 다갈색 번데기가 되었다. 같은 달 28일에 거기서 불그스름한 나방이 나왔다.

아래쪽의 초록색 잎 위에는 검은 반점이 있는 자그맣고 흰 생물체가 있다. 이 식물에 서식한다. 3월 1일에 거기서 날아다니는 작은 곤충이 나왔는데, 살짝 건드리기만 해도 달아나 버린다.

❀

이 식물은 투른포르의 《식물학의 요소들》에 기재된 '무화과와 같은 잎에, 피라미드 모양으로 주름이 패인 열매를 맺는 케트미아 브라질리엔시스Ketmia Brasiliensis'이다. 나의 삼촌 얀 코멜린은 《암스테르담 약용식물원》 1권에서 '흰 꽃에 피라미드 모양으로 주름이 패인 열매를 맺는 알체아 아메리카나 안누아Alcea Americana annua' 라는 이름으로 도해와 함께 이 식물을 소개했다. 또한 마르그라프의 《브라질 자연사》에는 '큉곰보 루시타니스 콩겐시부스&앙골렌시부스 퀴슬로보Quingombo Lusitanis Congensibus & Angolensibus Quislobo'라는 이름으로 실려 있다.

38장

초록색 융털을 잎에 두른 식물

　이 식물은 수리남의 야생에서 발견했다. 키가 225센티미터가량이며, 작고 검붉은 꽃이 핀다. 씨방은 세 부분으로 갈라져 있다. 각 부분에 씨가 하나씩 들어 있는데, 처음에는 초록색이다가 나중에 갈색이 된다. 초록색 잎사귀의 가장자리에 초록색 융털을 두르고 있고, 털마다 작은 망울이 달려 있다. 잎은 설사약이나 관장제로 사용한다. 또한 잎을 물에 넣고 끓인 뒤 그 물을 벨야크Beljak[설사가 없는 복통]를 앓는 사람에게 마시게 한다.

　커다란 초록 애벌레는 이 식물의 잎을 먹었으며, 14장에서 소개한 가시여지의 잎도 먹었다. 매우 튼튼하고 식욕이 왕성했으나, 배설물의 양은 제일 조그만 애벌레만큼 적었다. 사람이 건드리면 세차게 몸이 요동친다. 1700년 6월 23일, 움직임 없이 누워 있더니 탈피를 시작하여 나뭇잎 위에 허물을 벗었다. 탈피한 뒤에는 더 이상 초록색이 아니라 다소 불그스레한 색이었다. 다음 날, 줄기의 아랫부분에 누워 있는 모습처럼 다갈색의 번데기로 변했는데, 밖으로 주둥이 한 개가 삐죽 나와 있었다. 번데기는 잠시도 가만히 있지 못하며 계속 몸을 뒤척였고, 이는 15분 정도 지속되었다. 8월 20일에 거기서 커다란 나방이 나왔다. 몸에 여섯 개의 꽈리색 반점이 있고, 네 개의 날개와 여섯 개의 다리는 검은색인데 특이한 점들이 찍혀 있었다. 긴 주둥이는 두 개의 관으로 되어 있는데, 이런 부류의 나방은 두 관을 모은 뒤 튜브처럼 만들어서 꽃의 꿀을 빨아들인다. 꿀을 다 빨고 나면 주둥이를 아주 작게 돌돌 말아서 눈 사이, 머리 밑에 넣어 두기 때문에 좀처럼 보이지 않는다. 나방은 무척 튼튼해서 잘 죽지 않으며, 흰색 알을 무더기로 낳는다.

　나는 위쪽에 그려 놓은 매우 작은 애벌레에게도 이 식물을 먹였다. 5월 6일에 애벌레는 줄기 위쪽에 누워 있는 것과 같은 번데기로 변했다. 같은 달 20일에 검은 테두리를 두른 황금색 나비가 나왔다.

✤

이 식물은 《암스테르담 약용식물원》 1권에 '향이 나는 자줏빛 꽃이 피고 포도나무와 같은 잎이 있는 리치누스 아메리카누스 페렌니스Ricinus Americanus perennis'라고 기재되어 있다. 투른포르는 《식물학의 요소들》에서 이 식물을 합당하게 다른 속으로 분류한 뒤 '리치노이데스 스타피사그리에 폴리오Ricinoides Staphisagriae folio'라고 명명했다. 카스파어 바우힌은 '리치누스 아메리카누스 폴리오 스타피사그리에Ricinus Americanus folio Staphisagriae' 및 '포나 폴리오 피쿠스Pona folio ficus'라고 불렀다.

39장

작고 노란 꽃이 피는 식물

이 식물은 수리남의 내 정원에서 자랐는데, 아무도 내게 그 이름이나 특성을 알려 주지 못했다. 키가 1엘[68센티미터 내외] 정도로 자라며, 작고 노란 꽃이 핀다.

이 식물에서 잎사귀를 먹고 있는 커다란 애벌레들을 발견했다. 초록색 애벌레로, 흰색, 붉은색, 검은색 무늬로 치장하고 있다. 5월 말경에 내가 나무줄기 위에 표현한 것처럼 가느다란 실로 몸을 감아 고치를 짓고 갈색 번데기가 되었다. 6월 20일에 이 나방 한 마리만 나왔고, 나머지는 모두 죽고 말았다. 검은색과 흰색 무늬가 있는 회색 나방이다.

40장

파파야 나무

여기에 표현한 나뭇가지의 나무에는 두 종류가 있다. 열매를 맺는 종류와 맺지 않는 종류다. 후자는 꽃만 피는데, 그 모습이 무척 곱다. 수나무이며, 항상 꽃송이가 가득하다. 여기에 그린 것은 암나무로, 나무줄기에서 작고 흰 꽃이 피며 꽃에서 열매가 맺힌다. 열매는 천차만별이다. 어떤 것은 타원형이고 어떤 것은 둥글며, 큰 것도 있고 작은 것도 있다. 열매를 자르면 우유 같은 흰 액체가 흘러나온다. 안에는 검은 씨가 가득 들어 있다. 맛이 좋으며 입안에서 녹는다. 열매는 익으면 노란색을 띤다. 반쯤 익었을 때 삶으면 최상의 순무 같은 맛이 난다. 물만 넣고 열매를 삶은 다음에 잘라 먹는다. 줄기는 양배추 줄기처럼 무르고 속이 비어서 지붕의 빗물을 받는 홈통으로 사용된다. 단시간에 키가 크게 자라고 줄기는 곧으며 모습이 고우나, 생명 또한 아주 빨리 다한다. 잎은 줄기 끝에서 자라나는데, 왕관 같은 모습으로 아주 우아하게 퍼진다. 수리남에서는 **파파야 나무**라고 부른다.

이 커다란 나무의 꼭대기에서 흰색 애벌레를 많이 발견했다. 나무가 큰데 속이 비어 있으니 올라갈 수 없어서 나무를 베어 낸 뒤 애벌레를 채집했다. 애벌레에게 이 나무의 잎사귀를 먹였더니 1700년 6월 10일에 고치를 지었고, 열매가 달린 줄기에 보이는 것과 같은 다갈색 번데기가 되었다. 7월 3일, 열매에 앉아 있는 모습과 같은 나방이 나왔다.

이 나무의 꼭대기에서 다갈색 줄무늬가 있는 노란 애벌레들도 발견하여, 이 잎사귀를 먹여 키웠다. 애벌레는 4월 6일에 몸을 고정했고 번데기가 되었다. 4월 20일에 위쪽에 날고 있는 모습과 같은 흰색 나비들이 나왔다.

✤

수나무와 암나무 모두 《말라바르의 정원》 1권에 아주 아름다운 그림과 글로 실려 있다. 이 나무는 여러 이름으로 불리는데, 내가 쓴 《말라바르 식물 편람》의 '페포 아르보레슨스&파파야 오리엔탈리스 Pepo arborescens & Papaja orientalis' 단락과 '초승달 같은 수나무 혹은 불임의 낙원' 항목에서 모두 찾아볼 수 있다.

41장

파란 꽃이 피는 바타타

바타타Batata 라고 부르는 이 붉은색 뿌리[고구마]는 유럽 비트의 뿌리보다 색이 약간 더 연하다. 조리법은 비트 뿌리를 먹을 때와 같다. 육류와 함께 뭉근한 불에 끓여 먹기도 한다. 맛은 밤과 아주 비슷한데, 더 부드러우며 더 달기까지 하다. 워낙 삽시간에 자라고 번식력이 좋아서, 뿌리 한 덩이로 단시간에 온 밭을 뒤덮는다. 메꽃 덩굴처럼 감고 올라가기 때문에 나는 **갈대**에 감아 두었다(갈대 역시 수리남의 물가에서 자라며, 붉은 기가 도는 노란색 꽃을 피운다). 바타타 꽃은 파란색이다. 가지가 땅에 닿으면 다시 뿌리를 내리며, 그런 식으로 뿌리를 통해 덩굴과 씨가 번식한다.

갈대 잎사귀 위를 기어가는 애벌레는 바타타와 갈대를 모두 먹었다. 몸통은 황록색의 각진 사각형이고, 붉고 둥근 매듭들이 달려 있다. 발과 발톱은 몸 아랫면 전체를 덮고 있는 얇고 투명한 피부 안에 감춰져 있다. 움직일 때 발은 보이지 않지만, 달팽이처럼 이 피부막으로 어디에나 들러붙어 기어간다. 7월 22일에 황토색 고치가 되었고, 8월 23일에 날아다니는 곤충이 나왔다. 위쪽에 날고 있는 모습을 표현한, 황금색 줄무늬로 장식된 갈색 곤충이다.

(그림에서 줄기와 잎에 기어가는 두 마리 애벌레와 같은) 조그만 초록색 애벌레는 바타타 잎사귀를 먹었다. 나는 오이에서도 이 애벌레를 발견한 적이 있다. 이들은 무척 빠른 속도로 앞뒤로 움직였다. 마침내 장밋빛 붉은색이 되었고, 가는 흰색 실로 고치를 지었으며, 8월 24일에 그 안에서 번데기가 되었다. 8월 29~31일에 갈색 테두리를 두른 두 종류의 나비가 나왔는데, 그림에서처럼 날고 있는 흰 나비와 앉아 있는 노란 나비이다.

❧

여기에 그린 갈대는 투른포르의 《식물학의 요소들》에 기재된 '멋진 진홍색 꽃이 피는 칸나코루스Cannacorus'이며, 헤르만의 《편람》에 기재된 '코코넛처럼 빛나는 꽃이 피는 칸나 인디카Canna indica'이다. 갈대를 감고 올라가는 '메꽃'은 《말라바르의 정원》에 기재된 '카파-켈렝위Kappa-kelengu'이며, 클루시우스가 '바타타스Batatas 혹은 카모테스 히스파노룸Camotes Hispanorum' 항목에 기재한 종이다.[29] 여러 저자가 제시한 '메꽃'에 대한 다양한 명칭은 나의 저서 《말라바르 식물 편람》의 '덩이줄기에 빨간 껍질의 바타타가 달리는 콘볼불루스 인디쿠스Convolvulus indicus' 항목에 취합되어 있다. 피스는 《브라질 자연사》에서 바타타 종이 '메꽃'과 같은 꽃을 피운다고 했는데, 내가 알기로 지금까지 이 식물의 꽃을 그린 사람은 이 책의 저자가 유일하다. 클루시우스는 이 식물에서 어떤 꽃이 피고 열매가 열리는지 전혀 알지 못했다. 마르그라프는 이 식물에서 꽃이 피거나 열매가 달린다는 점을 모두 인정하지 않았다. 하지만 이 그림을 보면, 다양한 저자들이 이 식물을 '메꽃' 종류로 분류한 것은 분명 타당하다. 에르난데스는 《멕시코 자연사》에서 이 식물을 '카카모티크 틀라노퀼로니 페우 바타타 푸르가티바Cacamotic Tlanoquiloni feu Batata Purgativa'로 명명한 뒤 '메꽃'과 유사 종으로 분류했다. 피스와 마르그라프 또한 이 식물이 '바타타 푸르가티바'에 속한다고 보았다.

42장

머스크 꽃

머스크 꽃은 키가 2.5미터가량 되는 식물에서 피어난다. 꽃은 연노란색이며 향기라고는 전혀 없다. 꽃이 지면 그 자리에서 커다란 씨방이 자라는데, 안에는 강렬한 머스크 향을 내뿜는 작은 갈색 씨앗이 가득 들어 있다. 소녀들은 비단실로 씨를 꿰어 팔에 두르고 그것으로 그 나름의 멋을 낸다. 잎사귀는 어린 칠면조를 살찌우는 데 쓴다.

이 식물에서 잎사귀를 먹고 사는, 검은 줄무늬가 있는 초록색 애벌레를 발견했는데, 위쪽 꽃봉오리에 앉아 있는 모습과 같다. 3월 20일, 애벌레는 그 옆에 누워 있는 모습과 같은 갈색 번데기가 되었다. 4월 2일, 위쪽에 날고 있는 것과 같은 흰색 나방이 나왔다.

그 후 7월에 같은 식물에서 다른 종류의 애벌레를 발견했다. 19장의 구아바 나무에서 발견한 것과 같은 종류이며, 노란 줄무늬가 있는 검은 애벌레로 머리와 꼬리는 붉은색이다. 7월 10일에 가는 실로 고치를 지었고, 그 안에서 번데기가 되었다. 7월 26일에 아래쪽에 보이는 것과 같은, 푸르스름한 줄무늬가 있는 나비가 나왔다.

✤

여기에 기재된 식물은 많은 저자들이 글과 그림으로 소개하고 이름을 붙였다. 《말라바르 식물 편람》에 알체아Alcea의 일종으로 그 다양한 이름이 여럿 열거되어 있는데, 내 생각에는 그중에서 투른포르가 제시한 '케트미아 에깁티아카 페미네아 모스카토 Ketmia Aegyptiaca femine Moschato'라는 이름이 가장 적절하다.

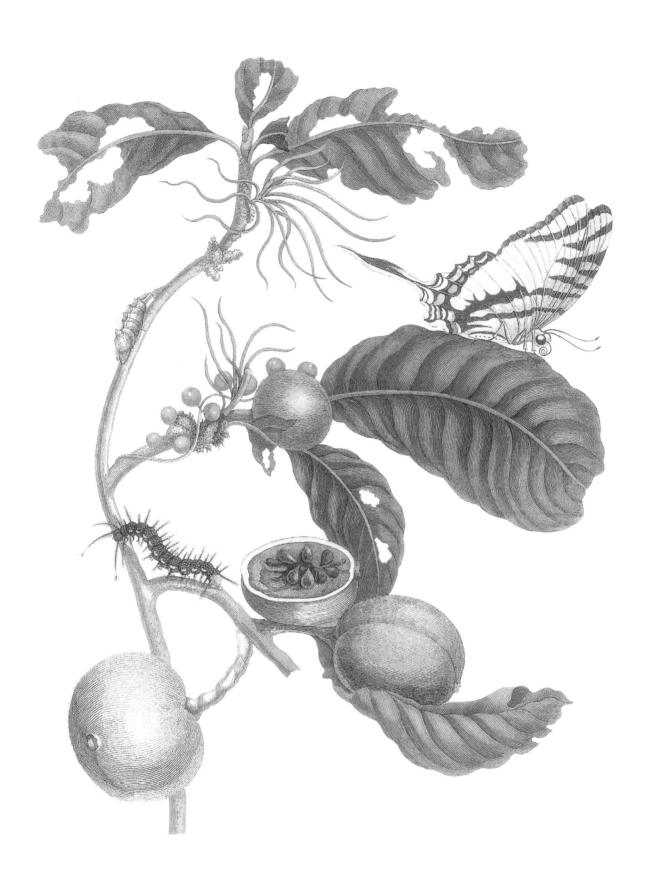

43장

마멀레이드 통 나무

키가 아주 큰 야생 나무의 가지이다. 잎사귀는 단단하고 뻣뻣하지만 멋있다. 나무줄기에는 동그란 작은 돌기들이 덤불로 자라는데, 이는 폐병 치료제로 쓰인다. 이 나무는 **마멀레이드 통 나무**라고 부르는데, 나무에서 열리는 열매 때문에 붙은 이름이다. 열매는 표면이 거칠고 털이 많으며, 처음에는 초록색이었다가 나중에는 나무 빛 노란색이 되면서 단단해진다. 가운데를 가른 뒤 가장 안쪽 부분만 먹는데, 맛과 빛깔과 씨앗의 모양이 유럽의 모과와 닮았다. 그리고 껍질은 일종의 통桶처럼 생겼다. 그래서 열매를 마멀레이드 통이라고 부른다.

이 나무에서 몸에 거칠거칠한 가시들이 나 있는 애벌레를 발견했다. 꽁무니에는 작은 별 같은 뭔가가 붙어 있었다. 대체로 검은색이며 딱딱한 이 잎사귀를 먹었다. 4월 3일에 나무에 몸을 고정시키더니 번데기로 변했다. 그리고 4월 18일에 거기서 아름다운 나비가 나왔다. 네덜란드에서는 이 나비를 **파히 더 라 레이너** Pagie de la Reine 라고 부른다.

❦

이 나무는 《말라바르의 정원》의 '파니트시이카–마람 Panitsjika-Maram' 항목에 기재된 나무와 매우 유사하다. 피스가 '야니파바 Janipaba'라고 명명한 나무와도 유사한데, 《말라바르 식물 편람》의 '라지 Raji의 역사라고 불리는 포미페라 인디카 팅크토리아 야니파바 Pomifera Indica Tinctoria Janipaba' 항목에 다른 여러 이름과 함께 제시되어 있다. 《말라바르의 정원》에서 볼 수 있듯 열매를 받치고 있는 꽃받침만이 이 나무와 유일하게 다른 점인 듯하다.

44장

로쿠

로쿠Rocu 는 키가 큰 나무다. 유럽의 사과나무처럼 불그스레한 꽃을 피운다. 꽃이 지고 나면 밤송이처럼 가시 돋힌 타원형 씨방이 생기며, 그 안에 아주 예쁜 붉은 씨들이 들어 있다. 인디언들은 이것을 물에 담가 불린다. 그러면 붉은 염료가 배어 나와 바닥에 가라앉는다. 그런 다음에 서서히 물을 따라 내고 바닥에 있는 염료를 말린다. 그것으로 맨살에 갖가지 그림을 그려 치장한다.

그림 아래쪽의 줄기 위를 기어가는 갈색 애벌레는 노란 줄무늬에 붉은 털이 나 있으며, 이 초록색 잎사귀를 먹는다. 4월 4일에 변태하여 털이 나 있고 단단한 번데기가 되었으며, 5월 6일에 이와 같은 암녹색 나방이 나왔다.

이 나무에서 그림 위쪽의 잎사귀에 있는 것과 같은 갈색 애벌레도 발견했는데, 이 잎을 먹었다. 3월 26일, 잎사귀 사이에 걸쳐 있는 모습과 같이 고치를 짓고 번데기가 되었다. 4월 10일, 위쪽에 앉아 있는 모습과 같은 회색 나방이 나왔다.

✤

이 나무는 피스가 말한 '우루쿠Urucu'이다. 《암스테르담 약용식물원》 1권의 '오를레아나 벨 오렐라나 폴리쿨리스 라파케이스 헤르마니 Orleana vel orellana folliculis Lappaceis Hermani' 항목에 기재되어 있는데, 이 나무의 다른 이름도 정리되어 있다. 투른포르는 이 나무를 '코르투사 아메리카나Cortusa Americana' 두 종에 가까운 새로운 속으로 보고, '미텔라Mitella'라는 이름으로 분류하여 제시했다. 왜냐하면 이 나무의 열매가 마치 '코르투사 아메리카나' 두 종의 열매처럼 익으면 벌어지고, 그러면 조그만 주교관 主教冠, Mitra 같은 모습이 되기 때문이다. 그래서 그는 자신의 저서 《식물학의 요소들》에서 이 나무를 '미텔라 아메리카나, 막시마, 팅크토리아Mitella Americana, Maxima, Tinctoria'라고 불렀다.

45장

플로스 파보니스

플로스 파보니스 Flos Pavonis는 키가 2.8미터쯤 되며, 노란 꽃과 붉은 꽃이 피는 식물이다. 씨앗은 출산이 임박한 임산부에게 분만을 촉진하는 용도로 쓴다. 네덜란드인 밑에서 일하면서 제대로 대우받지 못하는 인디언들은 자녀에게 노예 생활을 대물림하지 않으려고 낙태할 때 이 씨앗을 사용한다. 기니와 앙골라에서 온 흑인 여자 노예들에게는 친절하게 대해야 한다. 그러지 않으면 그들은 자신들이 처한 노예 상태에서는 아이를 원하지 않을 것이고, 아이를 갖지도 않을 것이다. 사실 그들은 일상에서 겪는 가혹한 처우 때문에 자살을 감행하기도 한다. 자기 친구들이 사는 나라에서 자유로운 상태로 다시 태어날 것이라고 믿기 때문이다. 그들에게서 직접 들은 말이다.

이 식물에 서식하는 애벌레는 연한 청록색이며, 초록 잎사귀를 먹고 산다. 1700년 1월 22일, 드러눕더니 갈색 번데기가 되었다. 2월 16일, 거기서 회색 나방이 나왔다. 위쪽에 날고 있는 모습으로 그린 것과 같이, 주둥이로 꽃의 꿀을 빨아먹는다.

⚜

《말라바르의 정원》 6권의 '트시에티-만다루Tsjetti-Mandaru' 항목에 이 나무의 그림과 설명이 실려 있다. 다른 학자들도 다양한 다른 이름을 제시했는데, 《말라바르 식물 편람》에 있는 '첫 번째 잎과 함께 공작새 머리의 왕관과 같은 꽃이 피는 식물' 항목에서 모두 찾아볼 수 있다. 투른포르는 이 식물을 지금까지 알려진 속으로 분류되지 않는다고 보았고, 새로운 속을 만들어 '매우 아름다운 꽃이 피는 포인치아나Poinciana'라는 이름을 제시했다.

46장

재스민

향기로운 **재스민**은 수리남에서 유럽의 가시덤불처럼 아무 데서나 자생한다. 향이 워낙 강렬하여 멀리서도 향기를 맡을 수 있다. 이 덤불 아래에는 보통 도마뱀, 이구아나, 뱀이 많이 서식한다. 그래서 나는 여기에 아름답고 희귀한 뱀 한 마리를 추가했는데, 이 식물의 밑동에 있는 덤불에서 잡은 것이다. 뱀들은 희한한 방식으로 똬리를 틀며 그 안에 머리를 숨긴다.

이 초록색 애벌레는 재스민 잎사귀를 먹어 치웠는데, 13장과 14장에 나오는 잎사귀도 먹는다. 2월 12일, 갈색과 검정색 줄무늬가 있는 아름다운 번데기로 변했다. 사람이 건드리면 오랜 시간에 걸쳐 몸을 뒤집는다. 3월 16일에 거기서 회색 나방이 나왔으며, 나방의 날개 안쪽은 노란색이었다.

❀

이 식물은 《말라바르의 정원》 6권에 기재된 '피트시에감-물라 Pitsjegam-Mulla'이다. 다른 학자들이 명명한 이름은 내가 쓴 《말라바르 식물 편람》의 '큰 꽃이 피는 야스미눔 후밀리우스 Jasminum humilius' 항목에서 찾아볼 수 있다(바우힌의 《식물의 극장 총람》도 참조하라).

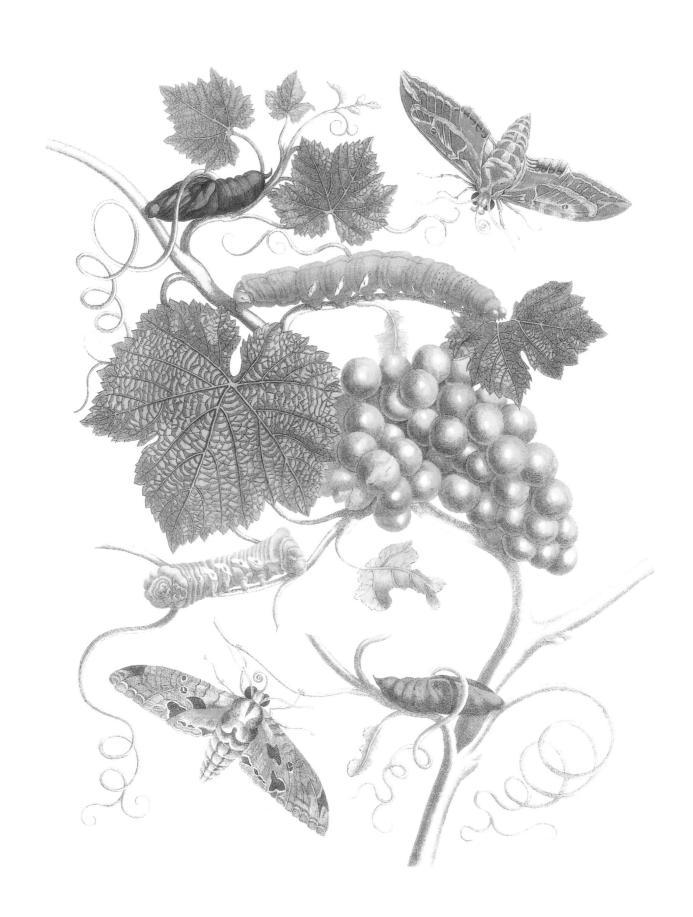

47장

청포도

34장에서 **적포도**를 다루었는데, 청포도 역시 마찬가지다. 청포도는 수리남에서 적포도만큼 무성하게 자란다.

1700년 5월, 이 포도나무 잎에서 그림 위쪽의 줄기에 그린 것과 같은 커다란 초록색 애벌레들을 발견했다. 이들은 식욕이 아주 왕성하다. 5월 15일, 움직이지 않고 누워 있더니 점점 갈색에 가깝게 변했고, 사흘 후 번데기가 되었다. 6월 3일, 그림에서 날고 있는 모습으로 나타낸 것과 같은 아름다운 나방이 나왔다. 연한 다갈색 줄무늬에 초록색과 붉은색이 어우러진 나방으로, 더듬이와 주둥이는 황금색이었다.

그림 아래쪽의 애벌레도 이 잎사귀를 먹고 자랐다. 몸을 펴면 위의 애벌레만 한 크기이다. 그런데 건드리면 아래쪽 줄기에 누워 있는 모습처럼 오그라들면서 입에서 거품이 나온다. 1700년 5월 중순 즈음에 탈피하여, 줄기에 누워 있는 것과 같은 갈색 번데기가 되었다. 6월 6일에 갈색 반점과 흰색 줄무늬가 있는 아름다운 회색 나방이 나왔다. 다리는 흰색이고 주둥이는 황금색이었다. 이 두 애벌레는 같은 잎을 먹고 자라므로 한 장의 그림에 변태 과정을 담았다.

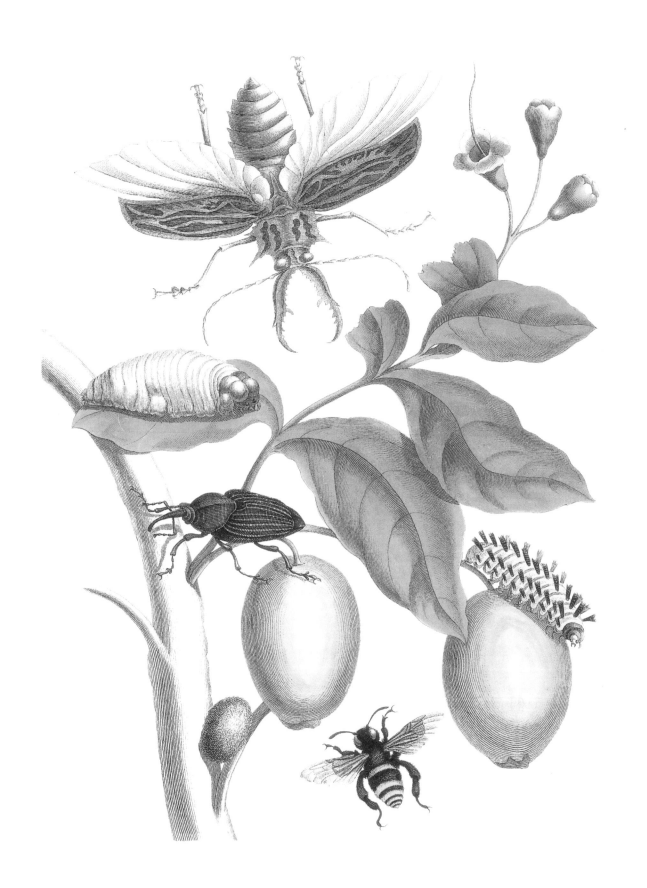

48장

타브로우바

　인디언들이 **타브로우바**Tabrouba 라고 부르는 이 초록색 열매는 자생하는 키 큰 나무에서 열린다. 희끄무레한 초록색의 작은 꽃들이 피는데, 원숭이들이 그 꽃을 먹는다. 꽃이 지고 나면 갈라진 작고 둥근 눈이 생기고, 거기서 차츰차츰 열매가 나온다. 열매 안에는 무화과처럼 씨가 가득 들어 있으나, 무화과와 달리 희끄무레한 색이다. 인디언들은 열매의 즙을 짜내어 햇볕에 말린다. 그러면 즙은 검게 변하고, 그것으로 맨몸에 갖가지 문양을 그린다. 이렇게 장식하면 아흐레 동안만 그대로 남아 있다. 그전에는 비누로 씻어도 지워지지 않는다. 인디언들은 이 열매에 독성이 있다고 믿는다. 나무를 자르면 속에서 우유 같은 액체가 흘러나오는데, 인디언들은 두피가 몹시 가려울 때 이 수액을 바른다. 맨머리로 걸어 다니면 날아다니는 작은 생물체가 낳은 알이 머리로 떨어져 작은 굼벵이로 자라며 심한 가려움을 유발하는데, 이 수액으로 그것들을 죽여 없앨 수 있기 때문이다.

　열매 위를 기어가는 애벌레는 노란색과 검정색을 띠며, 옷솔처럼 생겼고, 이 잎사귀를 먹는다. 8월 3일경에 나무 색의 고치를 지었고, 그 안에서 노란색 띠를 두른 검고 큰 벌로 변하더니 8월 15일에 밖으로 나왔다.

　그림 위쪽에 날고 있는 커다란 **딱정벌레**는 빈 공간을 채우기 위해 추가했다.

　그림 중간 부분에서 초록색 이파리 위를 기어가는 희끄무레한 굼벵이는 **야자나무 굼벵이**라고 부르는데, 야자수를 먹이로 삼아서 이런 이름이 붙었다. 야자수는 잎이 가늘게 갈라지는 데다가 워낙 커서 여기에 담을 수 없기에 이 벌레만 그려 놓았다. 야자수의 나무줄기는 작고 무르다. 잎은 밑에서 위로 뻗어 자라는데, 높이가 들쭉날쭉하며 그 상태로 꼭대기까지 빙 둘러져 있다. 그곳 사람들 말로는 완전히 다 자라는 데 50년이 걸린다고 한다. 그러면 나무를 쳐내는데, 잎이 나기 시작하는 부분을 베어 낸다. 또한 나무줄기도 물렁하면 성인 남자의 키 정도 높이에서 다 베어 낸다. 이 줄기를 꽃양배추처럼 삶아 먹는데, 아티초크 하트보다 맛있다. 나무줄기에는 굼벵이가 수도 없이 우글거리며 자란다. 처음에는 치즈 구더기만큼 작은 크기였다가 나중에는 그림에 보이는 정도의 크기가 된다. 이들은 이 나무의 속심을 파먹는다. 사람들은 이 굼벵이를 숯불 위에 놓고 구워 먹는데, 아주 별미로 여긴다. 굼벵이는 그림에 보이는 것과 같은 검은 딱정벌레가 되며, 인디언들은 이를 **야자나무 굼벵이의 어미**라고 부른다.

49장

겹꽃이 피는 석류나무

세계적으로 널리 알려진 **석류나무**는 수리남에서도 자란다. 나는 이 나무에서 딱정벌레의 일종을 발견했는데, 굼뜨고 느려서 잡기 쉬웠다. 이 벌레는 앞부분의 머리 밑에 긴 주둥이가 있으며, 그 주둥이를 꽃에 찔러 넣어 꿀을 빨아먹는다. 5월 20일, 드러누워 움직이지 않고 가만히 있더니 등껍질이 터졌고, 투명한 날개를 단 초록색 파리들이 나왔다. 이 파리들은 수리남에서 아주 흔하게 볼 수 있다. 워낙 잽싸게 날아다녀서 그것들을 잡느라 몇 시간을 쫓아다녀야 했다. 이들은 리라Lier 같은 소리를 내는데, 멀리서도 그 노랫소리를 들을 수 있다. 그래서 사람들은 풍각쟁이Lierman 라고도 부른다. 파리들은 앞서 말한 딱정벌레 때의 주둥이도 그대로 갖고 있다. 그 주둥이에서 다리, 눈 그리고 온몸이 빠져나왔는데, 마치 파리가 아직 그 안에 있는 듯 허물이 고스란히 그 형태로 남아 있었다.

인디언들은 이 파리가 이른바 랜턴 플라이가 된다고 내게 장담했다. 그림에 수컷과 암컷이 날고 있는 모습과 앉아 있는 모습으로 표현되어 있다. 이들의 머리 또는 모자는 밤이 되면 초롱불처럼 빛난다. 낮 동안에는 기포처럼 아주 투명하며 초록색에 붉은색 줄이 섞여 있다. 밤이 되면 여기에서 촛불처럼 환한 빛이 나오는데, 그 불빛으로 신문을 읽을 수 있을 정도다. 나는 한창 변태 중인 그와 같은 파리를 한 마리 더 갖고 있는데, 몸의 각 부분은 아직 파리의 형태이고 날개도 아직 파리의 날개이지만 기포 같은 머리만은 다 자란 상태다. 인디언들은 첫 번째 딱정벌레를 이 파리의 어미라고 부르며, 마찬가지로 이 파리에게도 랜턴 플라이의 어미라는 이름을 붙여 주었다. 그림 아래쪽 석류꽃에 앉아 있는 파리는 이 반딧불이 혹은 풍각쟁이가 점점 랜턴 플라이로 변하는 모습을 보여 준다. 보아하니 전자와 후자 모두 변태의 전 과정에 그대로 남아 있는 주둥이로 리라 소리를 내는데, 이들을 구분해 부른다.

언젠가 인디언들이 내게 랜턴 플라이를 아주 많이 가져다주었는데(그것들이 밤에 그렇게 빛을 발한다는 사실을 내가 알기 전이었다), 나는 그것들을 큰 나무 상자 안에 넣어 두었다. 밤이 되자 그것들이 시끄러운 소리를 내는 바람에, 우리는 깜짝 놀라 잠에서 깨어 침대에서 뛰쳐나왔다. 그리고 집 안에서 무엇이 소음을 내는지 모른 채 촛불을 켰다. 곧 우리는 그 상

9장에 '홑꽃이 피는 석류나무'의 가지를 그려 놓았다. 여기서는 같은 석류나무이지만 '겹꽃'이 핀 나뭇가지를 보여 준다. 이 나무는 익히 알려져 있으며 정원에서 흔히 찾아볼 수 있다.

자 안에서 나는 소리임을 알아차렸고, 놀라서 상자를 열었다. 그런데 더 깜짝 놀라서 상자를 바닥에 내던져 버리고 말았다. 상자가 열리면서 불꽃이 뿜어 나오는 듯했던 것이다. 그렇다. 그 안에서 그토록 많은 생물체가, 그토록 많은 불꽃이 나왔다. 우리는 마음을 진정시키면서 그것들을 다시 모았고, 이 작은 생물체들의 광채에 무척 감탄했다.

50장

하얀 꽃이 피는 바타타

흰색 바타타는 자생하는 뿌리 열매인데, 사람들이 먹지는 않는다. 그림과 같은 아름다운 흰색 꽃을 피운다.

나에게는 그림 아래쪽에서 뿌리 위를 기어가고 있는 것과 같은 애벌레가 아주 많았는데, 어느 날 이들이 상자를 물어뜯은 뒤 달아나 버렸다. 4월 4일에 내 정원에서 땅을 파다가 구멍을 발견했는데, 그 안에서 이 굼벵이 몇 마리가 바타타 뿌리 옆에 한 덩어리로 뭉쳐 누워 있었다. 그중 한 마리는 벌써 아름다운 황금색 딱정벌레의 모습이었고, 다른 것들은 그보다 덜 변한 모습으로 아직 매우 연하고 흰색이었다. 몇 시간이 지나자 단단해졌고, 점차 아름다운 황금빛 초록색을 띠었다.

6월 6일에 이 뿌리에서 다른 종류의 굼벵이도 발견했는데, 줄기 맨 위쪽에 보이는 것처럼 몸을 웅크리고 있었다. 처음에는 연하고 흰색이었으나 공기에 노출되어 몇 시간이 지나자 딱딱해지면서 검은색이 되었고, 위쪽에 날고 있는 것과 같은 딱정벌레로 차츰 변했다.

✤

'바타타'의 다른 종이 41장에 글과 그림으로 나와 있는데, 그 '바타타' 종은 다양한 저자들이 매우 합당하게 '메꽃'의 일종으로 분류했다. 그런데 여기 나오는 바타타 종은 '메꽃'으로 분류할 수 없다. 왜냐하면 꽃이 여러 갈래로 갈라진 데다가 깔때기 모양이기 때문이다. 반면에 '메꽃'은 종 모양이며, 일반적으로 꽃잎의 가장자리가 바깥으로 구부러져 있다. 따라서 여기 묘사된 '바타타'는 '콰모클리트Quamoclit'의 일종으로 분류되어야 하며, 내 생각에는 '매우 아름다운 하얀 꽃이 피는 콰모클리트 아메리카나 라디체 투베로사Quamoclit Americana tuberosa'라고 불러야 한다.

51장

단콩 나무와 노란 애벌레

커다란 야생 나무의 가지로, 꽃에는 기다란 흰색 수술이 늘어져 있다. 씨방은 길쭉하면서 꼬인 모양의 꼬투리이고, 안에는 하얀 점액이 검은 콩들을 감싸고 있다. 점액은 맛이 달콤해서 사람들이 빨아먹는다. 그래서 이를 **단콩**이라고 한다. 이 콩을 어떤 용도로 쓰는지는 알려져 있지 않으며, 인디언들은 **비커-보크여스** Wycke-bockjes 라고 부른다.

이 노란색 애벌레들은 잎사귀를 먹는다. 발은 검정색이고, 등에는 검은 가시가 나 있다. 나는 이들을 100마리 이상 갖고 있었으나 모두 죽어 버렸는데, 이 나무의 잎사귀는 꺾으면 바로 딱딱해지고 시들어 버려서 애벌레들이 먹을 수 없었기 때문이다. 그래도 1700년 6월 16일, 애벌레 한 마리가 (콩꼬투리 끝에 누워 있는 것과 같은) 번데기가 되었다. 6월 말, 여기에서 날고 있는 모습과 앉아 있는 모습으로 표현한 것과 같은 아름다운 나비가 나왔다.

✾

이 나무는 내가 아는 한 어디에도 기재된 적이 없으며, 알려진 어떤 속으로도 분류할 수 없다.

52장

중국 사과나무

중국 사과나무는 수리남에서 아주 높이 자라는데, 키가 가장 큰 유럽 사과나무 정도 된다. 잎은 반짝이는 초록색이며, 꽃은 흰색이고 향기가 강하다. 열매는 꽈리색으로, 맛이 아주 좋다.

이 나무에서 잎사귀를 먹는 애벌레를 발견했다. 초록색 몸 전체에 노란 줄무늬를 두르고 있다. 마디마다 꽈리색 둥근 구슬이 네 개씩 달려 있고, 구슬에는 잔털이 빙 둘러 나 있다. 2월 18일, 그림 아래쪽 줄기 사이에 있는 것과 같은 황토색 고치를 지었다. 3월 11일, 날개마다 백운모白雲母 같은 무늬가 있는 크고 아름다운 나방이 나왔다. 나방은 빠른 속도로 날아다녔다. 사흘 후에는 흰색의 작은 알 10개를 낳았다.

이 애벌레들은 흔히 발견되는데, 하도 뚱뚱해져서 굴러다닐 지경이며 1년에 세 차례 나타난다. 튼튼한 실을 뽑아내는데, 질 좋은 비단실인 듯했다. 그래서 조금 모아서 네덜란드로 보냈더니, 네덜란드인들은 양질이라고 평했다. 누군가 수고를 들여 이 애벌레를 채집한다면, 양질의 비단을 생산하고 큰 수익을 낼 수 있을 것이다.

✤

이 나무는 페라리가 말한 '아우란티움 올리시포넨세Aurantium Olysiponense'이자 '말루스 아란티아 루시타니카 Malus Arantia Lusitanica'(종케의 《왕실의 정원》)이다.

53장

미스펠 나무

　어느 날 황야에 깊숙이 들어갔는데, 여러 가지 것들 사이에서 주민들이 **미스펠 나무** Mispel-Boom 라고 부르는 나무를 발견했다. 나무는 키가 아주 높게 자란다. 열매의 가운데에는 하트 모양의 흰색 혹이 있고, 그 위에 검은 씨들이 있다(사람들이 먹는 부분이다). 그 아래는 선홍색의 두꺼운 잎사귀 두 장이, 뒤쪽에는 초록색이 감도는 두꺼운 잎사귀 다섯 장이 달려 있는데, 보기에 근사하다.

　이 나무에서 몸 전체에 분홍색 줄무늬가 있는 노란 애벌레를 발견했다. 머리는 갈색이고, 마디마다 네 개의 검은 가시가 돋아 있으며, 발은 분홍색이었다. 이 애벌레를 집으로 가져왔는데, 그림 아래쪽 나뭇가지에 누워 있는 것과 같은, 연한 나무 색 번데기로 금세 변하고 말았다. 14일이 지나 1700년 1월 말 즈음, 너무나 아름다운 나비가 나왔다. 윤이 나게 닦은 은처럼 보였고, 너무나 아름다운 군청색, 초록색, 자주색으로 덮여 있었다. 그렇다. 형언하기 어려우리만치 아름다웠다. 붓으로는 그 아름다움을 흉내 내지 못한다. 날개의 안쪽은 갈색이며, 초록색이 감도는 얼룩무늬가 있다. 날개마다 꽈리색의 원이 세 개씩 있는데, 검은 고리가 그 원을 두르고 있고, 초록색이 감도는 고리가 다시 검은 고리를 두르고 있다. 날개의 가장자리는 꽈리색이며 검은색 줄과 흰색 줄로 장식되어 있다.

✤

이 나무의 잎은 《암스테르담 약용식물원》 1권에 기재된 '메스필루스 아메리카나 알니 Mespilus Americana alni 또는 희고 점액질인 열매를 맺는 코릴리 Coryli 의 잎'과 거의 흡사하다. 여기에는 설명이 너무 부족해서 동일한 종인지 여부를 확실히 말할 수 없다.

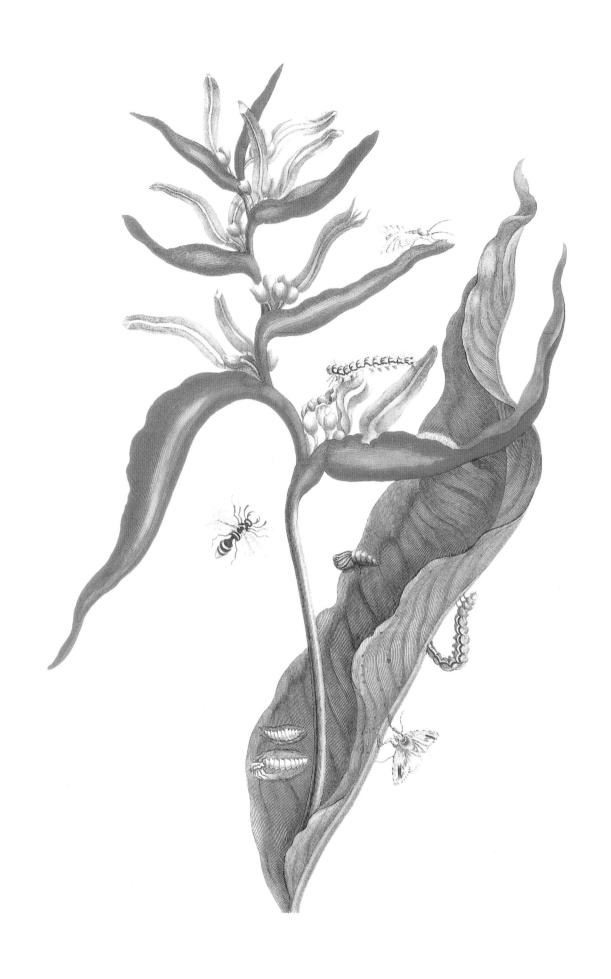

54장

발리아

인디언들이 **발리아**Ballia 라고 부르는 이 식물은 늪지 가장자리의 숲에서 자란다. 키가 1.3~1.6미터이고, 갈대처럼 생긴 단단한 초록색 잎이 나며, 두툼하고 붉은 꽃이 핀다. 작은 꽃봉오리는 그보다 다소 섬세하다.

그림 아래쪽 잎사귀에 붙어 있는 애벌레는 검고 노란 줄무늬로 장식되어 있다. 애벌레는 이 잎을 먹었다. 6월 14일, 같은 잎사귀 위에 누워 있는 것과 같은 다갈색 번데기가 되었다. 6월 21일, 잎의 맨 아래 보이는 것과 같은, 검정 점무늬가 있는 회색 나방이 나왔다.

그림 위쪽에 있는 노란 애벌레는 검은색 줄무늬가 나 있고 머리가 갈색이다. 4월 2일까지 이 잎을 먹다가 탈피했고, 두 번째 잎사귀에 누워 있는 것과 같은 고치를 지었다. 4월 14일, 위쪽에 앉아 있는 것과 같은 황토색 나방이 나왔다.

그 무렵 내 방 창가에서 타원형의 진흙 덩어리를 발견했다. 벌려 보니 그 안에는 네 부분으로 갈라진 구멍이 있었다. 구멍 안에는 흰색 굼벵이들이 자신들이 벗어 놓은 허물과 함께 누워 있었다. 이 굼벵이는 아래쪽 잎사귀에 누워 있는 두 마리 굼벵이와 같은 모습이었다. 5월 3일, 거기에서 야생벌 혹은 말벌이 나왔다. 여기에 날고 있는 모습으로 그려 놓았다. 나는 수리남에 있는 동안 그런 벌들에게 매일 같이 시달렸다. 그림을 그리고 있으면, 내 머리 주위로 날아들었다. 내 옆에 있는 물감 상자에 집을 짓고는 했다. 앞서 언급한 것처럼 진흙으로 된 집인데, 마치 도공이 돌림판 위에 놓고 돌려서 만든 듯 둥글었고 작은 받침대 위에 세워져 있었다. 벌들은 온갖 불의의 재난으로부터 내부를 보호하기 위해 진흙 뚜껑을 만들어 덮어 놓았다. 거기에 둥근 구멍을 하나 남겨 놓아서 안팎으로 기어 드나들 수 있었다. 벌들이 작은 애벌레들을 실어 나르는 모습을 매일 볼 수 있었다. 개미가 그러하듯이, 벌들 자신과 새끼 혹은 굼벵이의 식량임에 틀림없었다. 나는 이 녀석들이 끝끝내 성가시게 굴면 벌집을 부수고 쫓아 버렸는데, 그러면 전체 구조가 눈에 들어왔다.

✤

이 식물은 투른포르가 《식물학의 요소들》에서 언급한 '매우 큰 아메리카 갈대 잎이 달린 욥의 눈물이자 파치에 플루메르facie Plumer'인 듯하다.

55장

인디언 고추

이 식물은 **인디언 고추** 또는 **피망**이라고 부르며, 성인 남자 키의 절반 정도로 자란다. 꽃은 흰색이고 가운데는 보라색이다. 줄기는 초록색이고 단단하며, 잎은 풀색이고 무르다. 열매는 처음에는 초록색이다가 나중에는 아름다운 붉은색으로 변한다. 나는 여기에 네 가지 종류의 고추를 그려 놓았다. 잎과 꽃이 동일하기 때문인데, 다만 열매의 특성에 따라 식물의 크기가 약간 들쭉날쭉할 따름이다. 열매는 맵고 얼얼하다. 인디언들은 열매를 빵에 발라 먹는다. 네덜란드인들은 잘게 썰어서 고기나 생선에 곁들여 먹는다. 소스나 식초 등에 넣기도 한다.

이 고추에서 크고 아름다운 애벌레를 발견했다. 온몸의 양쪽에 붉은 줄이 쭉 나 있고, 등 전체에 흰 줄이 있다. 꽁무니 마디에는 분홍색이 감도는 더듬이가 있으며, 마디마다 분홍색 테두리를 두른 노란 반점이 있다. 애벌레는 잎사귀뿐만 아니라 고추도 먹는다. 1월 22일에 갈색 번데기가 되었고, 2월 16일에 몸의 양쪽에 황금색 반점이 다섯 개씩 나 있는 회색 나방이 나왔다. 나방은 밤에만 날아다녔고, 낮에는 아주 조용했다.

❈

이 식물은 도둔스[30] 및 투른포르가 말한 캅시쿰 Capsicum 이며, 바우힌 형제가 말한 '피페르 인디쿰 Piper Indicum' 이다. 주로 열매에 따라 종류의 차이가 난다. 투른포르의 《식물학의 요소들》에 이 식물의 여러 종류와 이름이 소개되어 있으며, 《아이히슈테트의 정원》[31]에 실물 크기의 그림이 다수 실려 있다.

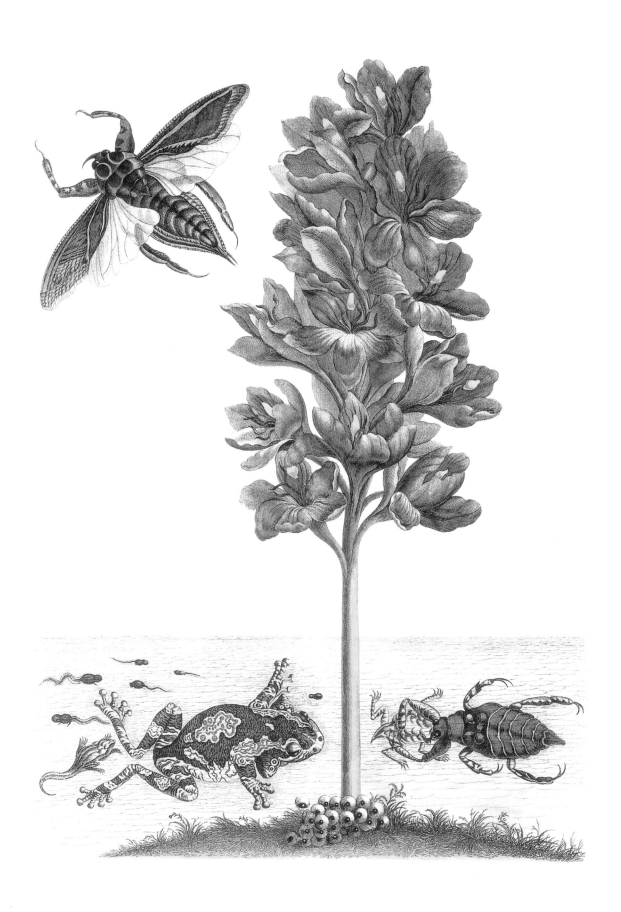

56장

보라색 꽃이 피는 물풀

여기 소개하는 꽃은 고여 있는 물에서 발견했다. 잎사귀는 보이지 않았고, 줄기는 1엘[약 68센티미터] 높이이다. 꽃 자체는 보라색 크로커스를 닮았다. 조그만 꽃송이마다 붓꽃처럼 노란 무늬가 있는 푸른 꽃잎이 한 장씩 있었다.

물속에서 그곳 사람들이 **물 전갈**이라고 부르는 곤충을 발견했다. 1701년 5월 10일에 몇 마리를 채집했다. 12일에 그림 위쪽에 있는, 식물 옆에 날아다니는 것과 같은 생물체가 나왔다.

물속에서 개구리가 많이 헤엄치고 있었다. 개구리들은 머리에 귀가 두 개 있으며, 초록빛이 돌았고, 갈색 무늬가 구름처럼 덮여 있었다. 발가락마다 작은 방울 같은 것이 붙어 있었는데, 이 생물이 늪의 표면 위를 다닐 수 있게끔 자연이 부여한 것이다. 이들은 물기슭에 알을 낳는다. 알은 통에 담아 관찰할 수 있다. 통의 바닥에 뗏장 한 덩어리를 깐 다음, 그 위에 알을 놓고 물을 채운다. 검은 점처럼 생긴 작은 알은 하얀 점액 안에 들어 있다. 부정형의 검은 알은 이 점액을 영양분 삼아 살다가 서서히 조금씩 움직였다. 8일쯤 지나자 그림의 개구리 위에 보이는 다섯 마리의 모습처럼, 알에서 꼬리가 나오고 물속을 헤엄치기 시작했다. 며칠 뒤에 눈이 생겼고, 또 며칠 뒤에는 뒷다리가 나왔다. 8일 뒤에는 피부가 터지면서 앞다리 두 개가 나왔다. 네 다리가 다 나오자 꼬리가 없어졌다. 그러자 이제 개구리가 되어 물에서 육지로 올라왔다. 물과 떼잔디는 이따금 갈아 주어야 하며, 움직임이 감지되면 즉시 빵 부스러기를 먹이로 물에 넣어 주어야 한다. 레이우엔훅 씨는 이러한 관찰 내용을 1699년 9월 25일의 서한 113~126번에 기록했는데, 나의 관찰과 전부 일치했다.

57장

구아바 나무와 털북숭이 애벌레

이 **구아바**는 19장에 소개한 구아바보다 맛이 조금 더 좋은 열매다. 알갱이 혹은 씨도 그리 많이 들어 있지 않다.

이 나무에서 초록색 애벌레 한 종류를 발견했다. 양옆에 여섯 개의 흰 줄무늬가 나 있고, 마디마다 검은색의 원형 반점이 있으며, 꽁무니 마디에는 작고 붉은 더듬이가 있다. 1700년 5월 20일에 그중 몇 마리가 드러누워 나흘 동안 아무것도 먹지 않더니, 그림 아래쪽 줄기에 누워 있는 것과 같은 번데기가 되었다. 6월 14일, 번데기에서 첫 번째 나방이 나왔다. 날개에 회색, 검정 그리고 흰색의 대리석 무늬가 있고, 몸통에는 10개의 꽈리색 반점이 있으며, 주둥이는 불그스름하고 길다. 그림에서 볼 수 있는 것처럼, 이 주둥이로 꽃의 꿀을 빨아먹는다.

이 나무에서 또 다른 종류의 털북숭이 애벌레를 발견했는데, 이 나무의 잎사귀를 먹고 산다. 털의 일부는 하얗고 일부는 노랗다. 이 애벌레들의 털 밑 피부는 사람의 살결과 비슷하지만 독성이 굉장히 강하다. 내가 알아낸 바로는, 건드리면 바로 손이 빨갛게 부어오르며 극심한 통증에 시달리게 된다. 애벌레는 몸의 가운데 부분에 발이 네 개 달려 있는데도 온몸의 마디를 이용해 이동한다. 어떤 것은 3월에, 어떤 것은 5월에 고치를 지었다. 털이 빠지더니 그 털로, 그림에서 잎사귀 사이에 걸쳐 있는 것과 같은 고치를 만들었다. 10~12일이 지나자 거기에서 변변찮은 파리들이 나왔다. 나는 이 애벌레를 여러 마리 갖고 있었는데, 더는 파리가 나오지 않았다.

✽

이 식물은 《말라바르의 정원》 3권에 기재되고 도해가 실려 있는 '말라카-펠라 Malakka-Pela'이다. 이 식물의 이름 개수는 얼추 이 식물을 기재한 저자의 수만큼 된다. 그 이름들은 내 저서 《말라바르 식물 편람》의 '붉고 둥글고 신 열매가 달리는 구아바' 항목에서 찾아볼 수 있다.

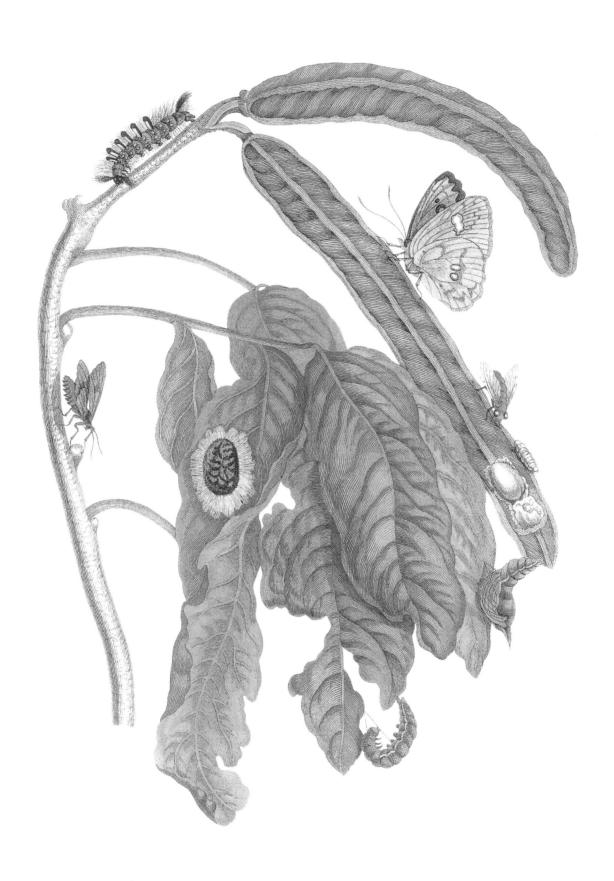

58장

단콩 나무와 초록 애벌레

아메리카의 숲에서 자라는 큰 나무의 가지를 여기에 소개한다. 씨방 안에 거무스름한 콩알들이 들어 있어서 **단콩 나무**라고 부른다. 이 콩들은 무척 달고 맛있는 흰색 과육에 둘러싸여 있다. 그 과육 안에서 그림의 벌어진 콩 위에 보이는 것과 같은 흰색 구더기를 발견했다. 구더기는 갈색 번데기가 되었고, 그로부터 열흘 뒤인 4월 2일에 구더기 옆에 보이는 것과 같은 초록색 파리가 나왔다.

그림 아래쪽에 매달려 있는 초록색 애벌레에게 이 **콩 나무** 잎사귀와 32장에 나오는 잎사귀를 먹이로 주었다. 1700년 6월 16일에 애벌레는 초록색 번데기가 되었으며, 열흘 뒤 콩 위에 앉아 있는 것과 같은 나비로 변했다.

이 나무에서 그림 위쪽 줄기를 기어가는 것과 같은 다른 애벌레도 다수 발견했다. 노란 털과 뻣뻣하고 검은 털이 나 있었다. 애벌레는 털을 벗어던진 뒤 씨방에 단단히 들러붙었고, 그 털로 초록색 잎사귀 위에 보이는 것과 같은 타원형의 회색 고치를 지었다. 이 고치 안에서 번데기로 변했으며, 사흘 뒤 모든 고치 안에서 파리가 나왔다. 파리의 날개는 갈색이며, 몸통은 붉은색과 초록색, 금색과 은색으로 얼룩져 있었다.

59장

물 냉이

　수리남의 물속에는 **냉이** 종류가 자란다. 잎은 다육성으로 매끄럽고 두툼하며, 줄기는 노르스름한 초록색이고, 연한 붉은색 꽃이 핀다. 사람들은 이를 시금치처럼 먹거나 샐러드에 넣어 먹는다. 이 곤충 서적을 완성하면서 **물 냉이**에 **수생동물**, 즉 **두꺼비**가 있으면 잘 어울릴 듯했다. 이 두꺼비의 암컷은 등에 새끼를 밴다. 등줄기에 있는 자궁 안에 씨를 받아 키운다. 씨가 완전히 성숙하면 스스로 껍질을 깨고 나오는데, 마치 한 개의 알에서 나오는 것처럼 하나씩 차례로 기어 나온다. 이 장면을 목격한 나는 어미와 나머지 새끼들을 함께 브랜디에 집어넣었다. 그중 어떤 것은 머리만 나와 있었고, 어떤 것은 몸의 절반이 나와 있었다. 수리남의 흑인들은 이 두꺼비를 잡아먹으며, 아주 훌륭한 음식으로 여긴다. 두꺼비는 거무스름한 갈색이고, 앞다리는 개구리 다리와 비슷하나 뒷다리는 오리 다리처럼 생겼다.

　나는 바다 밑바닥의 작은 고둥들을 잡아 오게 하여 그 안에 어떤 종류의 작은 생물체가 들어 있는지 관찰하기도 했다. 상당수의 고둥 안에는 생물체들이 아직 산 채로 들어 있었다. 그중 몇 마리를 억지로 끄집어냈는데, 앞부분은 가재류처럼 보였으나 뒷부분은 고둥 안에서 몸을 꼬고 있는 달팽이였다. 그것들은 낮에는 가만히 있지만 밤에는 발로 나지막한 소리를 내며 아주 부산스러웠다.

60장

붉고 우아한 꽃

1701년 1월, 나는 뭔가 새로운 것을 발견하기 위해 수리남의 숲속으로 향했다. 어떤 나무에서 붉고 우아한 꽃을 발견했는데, 그 이름과 특성은 수리남 주민들에게도 알려진 바가 없었다.

이 나무에서 붉은색의 크고 아름다운 애벌레를 발견했다. 마디마다 파란색 구슬이 세 개씩 있고, 구슬에는 검은 솜털이 한 가닥씩 돋아 있었다. 이 나무 잎사귀를 먹여 키울 생각이었지만, 애벌레는 그러기도 전에 고치를 짓더니 희한하게 생긴 번데기로 변해 버렸다. 그래서 애벌레가 이 식물을 먹고 사는지는 확신할 수 없다. 1월 14일에 번데기에서 아름다운 나비가 나왔다. 날고 있는 그림에서 볼 수 있듯이, 뒷날개의 바깥쪽은 아름다운 파란색이고, 앞날개는 흰색 선 하나가 쭉 그어져 있으며 파란색이 일부 섞여 있는 갈색이다. 앉아 있는 그림에서 볼 수 있듯이, 날개의 안쪽은 검정, 노랑, 갈색으로 된 둥근 아치가 눈부시게 화려하다. 네덜란드에서는 이런 나비를 **큰 아틀라스**라고 부른다.

주민들이 **마리본세**Maribonse 라고 부르는 **야생벌**은 수리남 어디에서나 찾아볼 수 있다. 집에도 있고 들판에도 있다. 갈색이 도는 색깔을 띠며, 사람이나 짐승이 가까이 다가가서 그들의 행동을 방해하면 쏘아 댄다. 유럽의 벌들처럼 다양하고 멋진 모양의 집을 짓는데, 볼 만한 가치가 있다. 알을 안전하게 보호할 수 있는, 비바람을 견디는 벌집을 짓기 위해 애쓴 흔적을 볼 수 있다. 우선 이 알에서, 그림의 애벌레 아래에 누워 있는 것과 같은 흰색 굼벵이가 나온다. 굼벵이는 점차 변태하여 이 나라의 골칫거리인 야생벌 종류가 된다.

1 《브라질 자연사》*Historia Naturalis Brasiliae* (1648)는 네덜란드 열대 의학의 선구자이자 박물학자인 빌럼 피스 Willem Pies (1611~1678)와 독일의 의사이자 천문학자인 게오르크 마르그라프 Georg Marggraf (1610~1644)가 함께 집필한 저작이다. 이들은 네덜란드령 브라질 총독 요한 마우리츠의 브라질 탐험에 동행한 뒤 이 책을 썼는데, 삽화가 여럿 실려 있어서 현장에 가 볼 수 없는 학자들에게 다채로운 브라질의 생태를 전할 수 있었다.

2 《말라바르의 정원》*Hortus Malabaricus* (1678~1693)은 인도 말라바르 지역의 약용식물 740종을 4개 언어와 794개의 동판 삽화로 소개한 12권짜리 식물도감이다. 군인이자 박물학자였던 헨드릭 판 르헤이더 Hendrik van Rheede (1636~1691)는 1669년부터 7년간 네덜란드령 말라바르 총독으로 지내는 동안 수십 명의 학자를 고용하여 식물을 탐구한 뒤 이 책을 펴냈다.

인도 남서부 해안의 말라바르는 메리안과 교유했던 니콜라스 비천이 커피 묘목을 얻은 곳이기도 하다. 네덜란드 동인도회사의 관리자였던 그는 말라바르의 커피 묘목을 네덜란드로 들여와 자신의 온실에서 키워 열매를 얻는 데 성공한다. 1696년 이 커피 종자를 동인도 자바에 있던 조카에게 보내면서 자바 커피가 탄생하게 된다.

3 원제는 《암스테르담 약용식물원의 희귀 식물》*Horti medici amstelodamensis rariorum tam Orientalis* (1권 1697, 2권 1701)이며, 동인도와 서인도에서 가져온 뒤 암스테르담 약용식물원에서 재배한 희귀 식물을 다룬 도감이다. 암스테르담 식물원을 설립한 네덜란드의 식물학자 얀 코멜린의 유작으로, 그의 조카 카스파르 코멜린이 프레데릭 라위스와 함께 정리하여 출간했다. 이 책의 도판을 그리는 데 메리안의 큰딸 요하나가 참여하기도 했다.

얀 코멜린은 영국의 박물학자 존 레이 John Ray (1627~1705)의 식물 분류에 기초해 2200개의 식물에 번호를 붙였고, 이 연구를 바탕으로 1753년에 스웨덴의 식물학자 칼 폰 린네 Carl von Linné (1707~1778)가 259종의 식물을 분류했다. 린네는 얀 코멜린과 카스파르 코멜린의 업적을 기려 닭의장풀에 '코멜리나 Commelina'라는 학명을 붙였다. 흔히 달개비라고 부르는 닭의장풀의 두 꽃잎은 이 둘을 상징한다고 한다.

4 《말라바르 식물 편람》*Flora Malabarica sive Horti Malabarici catalogus* (1696)은 카스파르 코멜린의 첫 저작이다. 그는 자기 집에 '파인애플 Pijnappel'이라는 택호를 붙일 정도로 이 식물을 좋아했다.

5 안톤 판 레이우엔훅 Anton van Leeuwenhoek (1632~1723)은 현미경 분야를 선구적으로 연구하여 미생물학을 확립하는 데 기여한 네덜란드의 생물학자다. 그는 저서를 남기지 않았지만 여러 서한들을 통해 자신의 연구를 유럽 전역에 알렸으며, 영국 학술원 Royal Society이 사후에 그의 서한들을 묶어 출간했다.

6 독일 출신의 의사이자 식물학자인 파울 헤르만 Paul Hermann (1646~1695)의 저서로, 원제는 《바타비아 정원 서설, 또는 바타보룸에서의 이국 식물 관찰》*Paradisus Batavus, Continens Plus centum Plantas affabre aere incisas & Descriptionibus illustratas* (1698)이다. '바타비아'와 '바타보룸'은 모두 레이던 대학교(라틴어 이름은 아카데미아 루그두노 바타바 Academia Lugduno Batava)를 가리킨다.

헤르만은 1672~1677년에 네덜란드 동인도회사의 의료 책임자로 실론(지금의 스리랑카)에서 근무했다. 이때 광범하게 채집한 식물들로 유럽 학자들과 교류했는데, 이후 린네는 그의 자료를 분류하여 《실론의 식물상植物相》*Flora Zeylanica* (1747)을 펴냈다. 헤르만은 네덜란드로 돌아와 1679년부터 레이던 대학교 교수를 지냈고 1680년부터 15년간 레이던 대학교 식물원 원장으로 일했다.

7 아브라함 판 프레덴뷔르흐 Abraham van Vredenburg는 네덜란드의 군인으로 메리안이 수리남에 체류하기 전

인 1688~1689년에 수리남 총독을 지냈으며, 1703년까지 현지의 팔메니리보 농장을 관리했다. 메리안은 이 농장을 방문하여 자연을 관찰했다.

8   이탈리아의 의사이자 식물학자인 토비아 알디니 Tobia Aldini (1570~1662)의 책으로, 원제는 《일부 희귀 식물에 대한 상세한 설명》*Exactissima Descriptio Rariorvm Qvarvndam Plantarvm* (1625)이다. 이탈리아의 명문가인 파르네세 가문의 저택에 사설 식물원이 딸려 있었는데, 이곳의 희귀 식물들을 간추려 정리한 저작이다. 알디니는 이 식물원의 관리자였으며, 이탈리아의 외과 의사이자 식물학자 피에트로 카스텔리 Pietro Castelli (1574~1662)가 삽화를 그렸다.

9   원제는 《이국적 식물의 이색적인 공개 시연을 위한 식물학적 전주곡》*Praeludia Botanica ad Publicas Plantarum exoticarum demonstrationes, dicta in Horto Medico, cum demonstrationes exoticarum* 이다.

10   사뮐 나시 Samuel Nassy는 수리남에서 단일 농장으로는 최대 규모의 농장을 운영했으며, 카스파르 코멜린과도 교류했다.

11   원문에는 'B. Pin.'이라는 약칭으로 표기되어 있으며, 스위스의 식물학자 카스파어 바우힌 Caspar Bauhin (1560~1624)의 《식물의 극장 총람》*Pinax Theatri Botanici* (1623)을 말한다. 이 책은 6000여 종의 식물을 명명하고 분류한, 식물 분류의 이정표가 된 저서이자 17세기 학명의 표준 원전이다. 바우힌은 이 책에서 식물의 이름을 종명과 속명으로 표기하는 이명법을 선구적으로 선보였고, 이후 존 레이와 린네가 생물 분류에 이를 채택하였다.

12   원문에는 'Sloan. Catal. plant. jamaic'이라는 약칭으로 표기되어 있으며, 아일랜드 출신의 의사이자 자연과학자 한스 슬론 Hans Sloane (1660~1753)의 《자메이카섬 식물 편람》*Catalogus Plantarum Quae in Insula Jamaica Sponte Proveniunt* (1696)을 말한다. 슬론은 영국의 식민지였던 자메이카에서 총독의 주치의로 지내면서 식물 연구를 하여 이 책을 펴냈다. 그는 7만 1000여 종에 달하는 방대한 예술품과 표본 등을 수집한 뒤 사후 국가에 헌납했는데, 이는 훗날 영국 박물관 British Museum 건립의 기반이 되었다.

13   유럽의 북서부에서 사용한 길이의 단위로, 겨드랑이부터 손가락 끝까지의 길이를 1엘이라 한다. 그런데 네덜란드에서는 마을마다 1엘의 길이가 달랐고, 대략 55~75센티미터 사이였다. 이 책에서는 1엘의 평균값인 68센티미터를 기준 삼아, 이 단위가 사용된 경우 센티미터로 환산한 길이를 대괄호 안에 병기했다.

14   스페인의 의사이자 박물학자인 프란시스코 에르난데스 데 톨레도 Francisco Hernández de Toledo (1514~1587)가 쓴 책으로, 원제는 《멕시코의 식물, 동물, 광물에 대한 새로운 역사》*Nova plantarum, animalium et mineralium Mexicanorum historia* (1648)이다. 그는 아들 후안과 함께 아메리카로 건너가 7년간 멕시코의 동식물 3000여 종을 채집한 뒤 책을 집필했다. 유럽에서 볼 수 없는 동식물은 원주민이 쓰는 이름으로 정리했으며, 이러한 작업은 아메리카 동식물의 초기 분류체계를 마련하는 데 기반이 되었다.

15   《레이던 대학교 식물원 편람》*Horti Academici Lugduno-Batavi Catalogus* (1687)은 파울 헤르만이 레이던 대학교 식물원 원장을 지내면서 펴낸 책이다.

16   프랑스의 식물학자 조제프 피통 드 투른포르 Joseph Pitton de Tournefort (1656~1708)의 책으로 원제는 《식물학의 요소들 또는 식물을 인식하는 방법》*Éléments de botanique ou Methode pour connaitre les Plantes* (1694)이다. 그는 식물 분류체계에서 '속' 개념을 정리한 학자로, 이 책에서도 수천 종의 식물을 상당히 정확히 분류해 냈고 이후 린네가 그중 여러 속명을 채택했다.

17　수리남 총독이었던 코르넬리스 판 소멜스데이크Cornelis van Sommelsdijck (1637~1688)의 여동생 중 한 명인 듯하다. 그의 세 여동생 안나, 마리아, 루치아는 메리안이 라바디파에 입교해 머물렀던 발타 성의 원래 주인으로, 이 성을 라바디파에 헌납했다. 이들 중 루치아는 1684년에, 마리아는 1686년에 각각 수리남으로 이주했고, 오빠가 라바디파 신도들에게 넘겨준 프로비던스La Providence (신의 섭리) 농장에 머물렀다. 메리안은 이 농장에서 루치아나 마리아를 만난 것으로 추정된다.

18　원제는 《아메리카의 식물에 대한 기술》Description des plantes de l'Amérique on Botanicus (1693)로, 프랑스의 식물학자 샤를 플뤼미에Charles Plumier (1646~1704)의 첫 번째 단독 저서다. 그는 정부의 명을 받아 1년 반 동안 수리남에 머물며 식물을 관찰한 뒤 이 책을 집필하고서 왕실 식물학자가 된다. 이후에도 두 번 더 아메리카를 여행하며 다양한 식물에 대한 기록을 남겼고, 당대의 중요한 식물 탐험가 중 한 사람으로 명성을 얻었다.

19　당시 사람들은 시계꽃의 구조와 형상이 예수의 고난을 연상시킨다며 이 꽃을 '예수의 면류관', '예수의 수난' 등으로 불렀다. 그런데 헤르만은 《레이던 대학교 식물원 편람》에서 이 식물을 쿠쿠미스, 즉 오이의 한 종류로, 《바타비아 정원 서설》에서는 덩굴식물인 클레마티스 종으로 분류했다. 이후 《바타비아 정원》에서 이를 바로잡았다.

20　요한 바우힌Johann Bauhin (1541~1613)은 당대의 대표적인 식물학자였던 카스파어 바우힌의 형으로, 그 역시 식물학자였다. 린네는 이들 형제의 이름을 따서 콩과 식물 중 하나에 바우히니아Bauhinia 속이라는 이름을 붙였다.

21　영국 박물학의 아버지로 불리는 존 레이를 말한다. 그는 종species 개념을 명확히 정의했으며, 이는 이후 린네가 분류법을 정리하는 데 유용한 토대가 되었다.

22　《아메리카의 새로운 식물 종류》Nova Plantarum Americanarum Genera (1703~1704)는 샤를 플뤼미에가 그의 스승인 투른포르와 함께 쓴 책이다. 이 책을 집필한 뒤 그는 루이 14세의 식물학자로 임명되었다.

23　《식물학 대계》Almagestum botanicum (1696)는 영국의 식물학자이자 잉글랜드의 여왕 메리 2세의 정원사였던 레너드 플루케닛Leonard Plukenet (1641~1706)이 쓴 책이다.

24　《식물 계통 분류》Phytographia (1691)는 레너드 플루케닛의 첫 저서로, 세계의 희귀 식물들을 그림과 함께 설명한 책이다.

25　원문에는 'H. Reg. Par.'라는 약칭으로 표기되어 있으며, 프랑스의 식물학자 드니 종케Denis Joncquet (1600~1671)의 《왕실의 정원》Hortus regius, pars prior (1665)을 말한다.

26　《꽃 재배》De Florum Cultura (1663~1664)는 이탈리아의 식물학자 조반니 바티스타 페라리Giovanni Battista Ferrari (1584~1655)의 저서다. 총 4권으로 정원의 설계와 장비, 다양한 관상용 식물 및 품종, 꽃의 문화와 아름다움 등을 다루었으며, 메리안이 삽화를 그렸다.

27　빌럼 피스의 《인도의 자연과 의학》De Indiae Utriusque re naturali et medica (1658) 32장을 23장으로 오기한 듯하다. 이 책은 그가 게오르크 마르그라프와 함께 쓴 《브라질 자연사》의 후속작이자 단독 저서인데, 마르그라프의 작업을 훼손하였고 몇몇 오류가 있다는 비판을 받기도 했다.

28　요하너스 후다르트의 《자연의 변태》 1권 90쪽에 기술되어 있고, 그다음 쪽에 도판이 수록되어 있다.

29　카롤루스 클루시우스Carolus Clusius (1526~1609)의 《스페인 전역에서 관찰된 희귀 품종의 역사》Rariorum aliquot stirpium per Hispanias observatarum historia (1576)에 기재되어 있다. 그는 플랑드르 출신의 식물학자로, 빈의

황실 약초 정원 원장으로 일하다가 1594년 레이던 대학교 식물원의 초대 원장으로 부임했다. 당시에 튤립은 터키에서 재배되었는데, 이를 네덜란드로 들여온 뒤 개량하여 다양한 품종을 개발함으로써 네덜란드에서 튤립을 재배하는 데 큰 역할을 했다. 또한 동인도회사를 통해 채집한 식물들로 식물 표본실을 만들어 이국 식물을 연구하기도 했다.

30 플랑드르의 의사이자 식물학자인 렘베르 도둔스 Rembert Dodoens (1517~1585)를 말한다. 그는 자신의 저서 《약초 책》 *Des Cruydboeks* (1554) 5권에서 고추를 '캅시쿰'으로 기재했다. 네덜란드어로 출판한 이 책은 식물명을 알파벳순으로 배열하는 전통적 방식 대신 식물의 속성에 따라 6개군으로 분류하여 구성했고, 거기에 715점의 동판화를 실은 식물도감이다. 프랑스어, 라틴어, 영어로 번역되는 등 16세기의 중요한 책 가운데 하나로 평가되며, 이후 2세기 동안 식물학의 교본으로 여겨졌다. 일본에도 소개되어 《네덜란드의 식물 해석》阿蘭陀本草和解 (1750)으로 번역되었고, 이러한 작업을 바탕으로 에도시대에 난학蘭學이 꽃을 피웠다.

31 《아이히슈테트의 정원》 *Hortus Eystettensis* (1613)은 뉘른베르크의 약제사이자 식물학자인 바실리우스 베슬러 Basilius Besler (1561~1629)가 아이히슈테트의 대주교 요한 콘라트 폰 게밍겐 Johann Konrad von Gemmingen 의 정원 식물을 기록한 책이다. 정원의 관리자였던 베슬러는 식물학자, 도안가, 채색 화가 등의 도움을 받아 이 책에 367개의 식물 동판화를 담았다. 1084개의 식물이 수록되어 있으며, 17세기 초의 가장 훌륭한 식물지로 평가받는다. 자세한 내용은 이 책의 한국어판(그림씨, 2020)을 참조하라.

이 책에 등장하는 동식물 이름 목록

이 목록은 라노 출판사Lannoo Publishers에서 네덜란드 왕립도서관의 감수를 받아 펴낸《마리아 지빌라 메리안: 수리남 곤충의 변태》*Maria Sibylla Merian. Metamorphosis insectorum Surinamensium* (2006)에 정리된 학명을 참조하여 작성했다. 항목명은 본문의 각 장에 번역된 이름 중 하나를 골라 썼고, 항목명 아래에 메리안이 사용한 이름, 한국어 이름, 영어 이름, 학명, 분류체계를 정리했다(한국어 이름과 영어 이름은 통용되는 이름이 있는 경우만 넣었다). 목록을 정리하면서 아래 웹사이트를 참조했다.

- 국제식물명색인The International Plant Names Index : https://www.ipni.org
- 미국곤충학회Entomological Society of America : https://www.entsoc.org
- 국가생물종지식정보시스템 국가표준곤충목록, 국가표준식물목록: http://www.nature.go.kr
- 국립생물자원관의 국가생물종목록검색: https://species.nibr.go.kr
- 위키피디아 영어판 각 항목 페이지 https://en.wikipedia.org

1장 꽃이 핀 파인애플

파인애플
- 메리안 Ananas (파인애플의 네덜란드어 이름)
- 한국어 파인애플
- 영어 Pineapple
- 학명 *Ananas comosus* (L.) Merr.
- 분류체계 피자식물문 > 백합강 > 파인애플목 > 파인애플과 > 파인애플속
- ※ 2장의 '파인애플'도 이와 동일하다.

바퀴
- 메리안 Kakkerlak
- 한국어 잔이질바퀴
- 영어 Australian cockroach
- 학명 *Periplaneta australasiae* (Fabricius, 1775)
- 분류체계 절지동물문 > 곤충강 > 바퀴목 > 왕바퀴과 > 먹바퀴속

바퀴
- 메리안 Kakkerlak
- 한국어 독일바퀴
- 영어 German cockroach
- 학명 *Blattella germanica* (L. 1767)
- 분류체계 절지동물문 > 곤충강 > 바퀴목 > 바퀴과 > 바퀴속

2장 무르익은 파인애플

나비
- 메리안 zeer schone Capel (아주 아름다운 나비)
- 영어 Scarce bamboo page
- 학명 *Philaethria dido* (L. 1763)
- 분류체계 절지동물문 > 곤충강 > 나비목 > 네발나비과 > 필라이트리아속

굼벵이와 무당벌레
- 메리안 Wormken (굼벵이), Torretje (무당벌레)
- 영어 Cactus lady beetle
- 학명 *Chilocorus cacti* (L. 1767)
- 분류체계 절지동물문 > 곤충강 > 딱정벌레목 > 무당벌레과 > 홍점박이무당벌레속

3장 작은 가시여지

가시여지
- ● 메리안 kleine Zuurzak(작은 가시여지, Zuurzak는 네덜란드어로 '신맛 주머니'라는 뜻)
- ■ 한국어 가시여지
- ◆ 영어 Soursop
- ❖ 학명 *Annona muricata* (L.)
- ▶ 분류체계 피자식물문 > 목련강 > 목련목 > 뽀뽀나무과 > 안노나속
- ※ 포르투갈어로는 그라비올라Graviola, 스페인어로는 구아나바나Guanában 라고 부른다.
- ※ 14장의 '가시여지'도 이와 동일하다.

나방
- ● 메리안 schoone swart en witte Uil(검은색과 흰색이 어우러진 아름다운 나방)
- ◆ 영어 Giant sphinx
- ❖ 학명 *Cocytius duponchel* (Poey, 1832)
- ▶ 분류체계 절지동물문 > 곤충강 > 나비목 > 박각시과 > 암포니스속

4장 카사바와 털북숭이 애벌레

카사바
- ● 메리안 Manihot(마니홋), Manyot(마니옷), Cassave(카사바)
- ■ 한국어 카사바
- ◆ 영어 Cassava
- ❖ 학명 *Manihot esculenta* (Crantz)
- ▶ 분류체계 피자식물문 > 목련강 > 대극목 > 대극과 > 마니호트속
- ※ 5장의 '카사바'도 이와 동일하다.

도마뱀
- ● 메리안 Sauvegard
- ■ 한국어 테구도마뱀
- ◆ 영어 Golden tegu
- ❖ 학명 *Tupinambis teguixin* (L. 1758)
- ▶ 분류체계 척삭동물문 > 파충강 > 뱀목 > 채찍꼬리도마뱀과 > 테구도마뱀속

5장 카사바와 노란 줄무늬 애벌레

뱀
- ● 메리안 Slange
- ■ 한국어 아마존나무보아
- ◆ 영어 Common tree boa, Amazon tree boa
- ❖ 학명 *Corallus hortulana* (L. 1758)
- ▶ 분류체계 척삭동물문 > 파충강 > 뱀목 > 보아과 > 나무왕뱀속

6장 하얀 꽃이 피는 마카이

마카이
- ● 메리안 Maccai
- ❖ 학명 *Solanum stramoniifolium* (Jacq.)
- ▶ 분류체계 피자식물문 > 목련강 > 가지목 > 가지과 > 가지속
- ※ 코멜린이 주석에서 마카이와 동일한 식물로 언급한 케루-쿤다Cheru-Chunda 는 까마중 *Solanum nigrum* 을 말하는데, 이는 가지속에 속하며 마카이와 유사 종이다.

7장 아메리카 체리

아메리카 체리
- ● 메리안 Amerikaansche Kerschen
- ◆ 영어 Barbados Cherry
- ❖ 학명 *Malpighia glabra* (L.)
- ▶ 분류체계 피자식물문 > 목련강 > 원지목 > 말피기아과 > 말피기아속

8장 인디언 재스민 나무

인디언 재스민 나무
- ● 메리안 Indiaansche Jasmynboom
- ■ 한국어 붉은꽃플루메리아
- ◆ 영어 Frangipani
- ❖ 학명 *Plumeria rubra* (L.)
- ▶ 분류체계 피자식물문 > 목련강 > 용담목 > 협죽도과 > 플루메리아속

9장 홀꽃이 피는 석류나무

석류나무
- ● 메리안 Granaat Boom
- ■ 한국어 석류나무
- ◆ 영어 Pomegranate
- ❖ 학명 *Punica granatum* (L. 1753)
- ▶ 분류체계 피자식물문 > 목련강 > 도금양목 > 석류나무과 > 석류나무속
- ※ 49장의 '석류나무'도 이와 동일하다.

10장 수리남 목화나무

수리남 목화나무
- ● 메리안 Surinaamse Cattoen Boom
- ❖ 학명 *Gossypium barbadense* (Medik.)
- ▶ 분류체계 피자식물문 > 목련강 > 아욱목 > 아욱과 > 목화속

11장 말뚝나무

말뚝나무
- ● 메리안 Palissaden Boom(고유명사가 아닌, 건물을 보호하기 위해 울타리로 키우던 나무라는 뜻)
- ◆ 영어 Coral beam
- ❖ 학명 *Erythrina fusca* (Lour.)
- ▶ 분류체계 피자식물문 > 목련강 > 콩목 > 콩과 > 닭벼슬나무속

12장 바나나

바나나
- ● 메리안 Banana
- ■ 한국어 바나나
- ◆ 영어 Plantain, Cooking Banana
- ❖ 학명 *Musa×paradisiaca* (L.)
- ▶ 분류체계 피자식물문 > 백합강 > 생강목 > 파초과 > 파초속

13장 아메리카 자두나무

아메리카 자두나무
- ● 메리안 Amerikaanse Pruimboom
- ◆ 영어 Yellow mombin, Hog plum
- ❖ 학명 *Spondias mombin* (L.)
- ▶ 분류체계 피자식물문 > 목련강 > 무환자나무목 > 옻나무과 > 스폰디아스속

14장 큰 가시여지

꼬리박각시
- ● 메리안 bruine Uil of Onrust(갈색 나방 또는 꼬리박각시)
- ❖ 학명 *Amphonyx duponchel* (Poey, 1832)
- ▶ 분류체계 절지동물문 > 곤충강 > 나비목 > 박각시과 > 암포닉스속
- ※ 현재의 곤충 분류체계에서 꼬리박각시의 학명은 *Macroglossum stellatarum* (L. 1758)이며, 메리안이 지칭한 나방은 꼬리박각시의 유사 종이다.

나방
- ● 메리안 kleine geele Rupse, wit Uilken(작고 노란 애벌레, 흰 나방)
- ◆ 영어 White flannel moth
- ❖ 학명 *Norape ovina* (Sepp, 1848)
- ▶ 분류체계 절지동물문 > 곤충강 > 나비목 > 메갈로피기다이과 > 노라페속

15장 수박

수박
- ● 메리안 Water Meloenen
- ■ 한국어 수박
- ◆ 영어 Watermelon
- ❖ 학명 *Citrullus lanatus* (Thunb.) Matsum. & Nakai
- ▶ 분류체계 피자식물문 > 목련강 > 제비꽃목 > 박과 > 수박속

16장 캐슈 나무

캐슈 나무
- ● 메리안 Caschou Boom
- ◆ 영어 Cashew
- ❖ 학명 *Anacardium occidentale* (L.)
- ▶ 분류체계 피자식물문 > 목련강 > 무환자나무목 > 옻나무과 > 아나카르디움속

17장 라임 나무

라임
- ● 메리안 Limmetjens
- ■ 한국어 키 라임
- ◆ 영어 Key lime
- ❖ 학명 *Citrus aurantiifolia* (Christm.) Swingle
- ▶ 분류체계 피자식물문 > 목련강 > 무환자나무목 > 운향과 > 귤나무속

깍지벌레
- ● 메리안 kleine witte beesjejs(작고 흰 벌레), Torretjes(깍지벌레)
- ◆ 영어 Scale insect
- ❖ 학명 *Coccoidea* sp.
- ▶ 분류체계 절지동물문 > 곤충강 > 노린재목 > 깍지벌레상과

18장 구아바 나무와 거미, 개미, 벌새

구아바
- ● 메리안 Guajaves
- ■ 한국어 구아바
- ◆ 영어 Guava
- ❖ 학명 *Psidium guajava* (L.)
- ▶ 분류체계 피자식물문 > 목련강 > 도금양목 > 도금양과 > 프시디움속

거미
- ● 메리안 Spinne
- ◆ 영어 Pinktoe tarantula, South American pinktoe
- ❖ 학명 *Avicularia avicularia* (L. 1758)

- ▶ 분류체계 절지동물문 > 거미강 > 거미목 > 대형 열대거미과 > 아비쿨라리아속
- ※ 19장과 57장의 '구아바'도 이와 동일하다.

20장 구미 구타 나무

구미 구타 나무
- ● 메리안 Gummi Gutta Boomen
- ◆ 영어 Gumbo-limbo, West Indian birch
- ❖ 학명 *Bursera simaruba* (L.) Sarg. 1890
- ▶ 분류체계 피자식물문 > 목련강 > 무환자나무목 > 감람나무과 > 부세라속

21장 마르키아스

마르키아스
- ● 메리안 Marquiaas(마르키아스), Passie Bloem(시계꽃)
- ◆ 영어 Water lemon
- ❖ 학명 *Passiflora laurifolia* (L.)
- ▶ 분류체계 피자식물문 > 목련강 > 제비꽃목 > 시계꽃과 > 시계꽃속
- ※ 현재의 식물 분류체계에서 시계꽃의 학명은 *Passiflora caerulea* (L.)이며, 메리안이 지칭한 식물은 시계꽃의 유사 종이다.

22장 붉은 백합

백합
- ● 메리안 roode Lelien(붉은 백합)
- ■ 한국어 아마릴리스
- ◆ 영어 Barbados lily
- ❖ 학명 *Hippeastrum puniceum* (Lam.) Voss, 1895
- ▶ 분류체계 피자식물문 > 백합강 > 백합목 > 수선화과 > 아마릴리스속

23장 바코버

바코버
- ● 메리안 Baccoves(바코버), Bannana(바나나)

■ 한국어 바나나
◆ 영어 Banana
❖ 학명 *Musa×paradisiaca* (L.)
▶ 분류체계 피자식물문 > 백합강 > 생강목 > 파초과 > 파초속

나비
● 메리안 schone Cappelle(아름다운 나비), kleinen Atlas(작은 아틀라스)
◆ 영어 Teucer owl butterfly
❖ 학명 *Caligo teucer* (L. 1758)
▶ 분류체계 절지동물문 > 곤충강 > 나비목 > 네발나비과 > 칼리고속

도마뱀
● 메리안 blauwe Hagadis(푸른 도마뱀)
◆ 영어 Rainbow whiptail
❖ 학명 *Cnemidophorus lemniscatus* (L. 1758)
▶ 분류체계 척삭동물문 > 파충강 > 뱀목 > 채찍꼬리도마뱀과 > 달리는도마뱀속

24장 노란 꽃이 피는 마카이

마카이
● 메리안 Carduus Spinosus(난쟁이 엉겅퀴), Maccaï(마카이)
■ 한국어 아르게모네 멕시카나
◆ 영어 Mexican poppy
❖ 학명 *Argemone mexicana* (L.)
▶ 분류체계 피자식물문 > 목련강 > 양귀비목 > 양귀비과 > 아르게모네속
※ 'Carduus Spinosus'는 현재의 식물 분류체계에서 국화과 엉겅퀴속 식물로, 마카이와 다른 식물이다. 또한 이 장에 설명한 마카이는 6장에 나오는 마카이와도 다른 식물이다.

굼벵이와 딱정벌레
● 메리안 Wormen(굼벵이), Torren(딱정벌레)
■ 한국어 페루사슴하늘소
◆ 영어 Mallodon
❖ 학명 *Mallodon spinibarbis* (L. 1758)
▶ 분류체계 절지동물문 > 곤충강 > 딱정벌레목 > 하늘소과 > 말로돈속

25장 바닐라

바닐라
● 메리안 Banille
■ 한국어 바닐라
◆ 영어 Vanilla
❖ 학명 *Vanilla planifolia* (Jacks. ex Andrews)
▶ 분류체계 피자식물문 > 백합강 > 난초목 > 난초과 > 바닐라속
※ 린네는 이 책에 근거하여 이 식물의 학명을 'vanillae'로 명명했다.

나비
● 메리안 schoone Capellen(아름다운 나비)
◆ 영어 Gulf fritillary
❖ 학명 *Dione vanillae* (L. 1758)
▶ 분류체계 절지동물문 > 곤충강 > 나비목 > 네발나비과 > 디오네속

26장 카카오나무

카카오나무
● 메리안 Cacau boom
■ 한국어 카카오
◆ 영어 Cacao tree
❖ 학명 *Theobroma cacao* (L.)
▶ 분류체계 피자식물문 > 목련강 > 아욱목 > 아욱과 > 카카오속

27장 소돔의 사과

소돔의 사과
● 메리안 apple van Sodom
■ 한국어 노랑혹가지
◆ 영어 Nipplefruit, Apple of Sodom
❖ 학명 *Solanum mammosum* (L.)
▶ 분류체계 피자식물문 > 목련강 > 가지목 > 가지과 > 가지속

28장 시트론

시트론
- 메리안 Citroenen
- 한국어 불수감
- 영어 Citron
- 학명 *Citrus medica* (L.)
- 분류체계 피자식물문 > 목련강 > 무환자나무목 > 운향과 > 귤나무속

29장 폼펠무스

폼펠무스
- 메리안 Pompelmoes
- 영어 Pomelo
- 학명 *Citrus maxima* (Merr)
- 분류체계 피자식물문 > 목련강 > 무환자나무목 > 운향과 > 귤나무속

30장 그리스도 종려나무

그리스도 종려나무
- 메리안 Palma Christi(그리스도 종려나무), Olyboom(기름 나무)
- 한국어 피마자
- 영어 Ricinus
- 학명 *Ricinus communis* (L.)
- 분류체계 피자식물문 > 목련강 > 대극목 > 대극과 > 피마자속

31장 장미

장미
- 메리안 Roosen
- 한국어 부용
- 영어 Confederate rose
- 학명 *Hibiscus mutabilis* (L.)
- 분류체계 피자식물문 > 목련강 > 아욱목 > 아욱과 > 무궁화속

32장 슬라퍼르쩌

슬라퍼르쩌
- 메리안 Slaapertje
- 영어 Chinese senna, Sicklepod
- 학명 *Senna obtusifolia* (L.) H. S. Irwin & Barneby
- 분류체계 피자식물문 > 목련강 > 콩목 > 콩과 > 결명자속

33장 무화과나무

무화과나무
- 메리안 Vegeboom
- 한국어 무화과나무
- 영어 Fig
- 학명 *Ficus carica* (L.)
- 분류체계 피자식물문 > 목련강 > 쐐기풀목 > 뽕나무과 > 무화과나무속

34장 포도나무

포도
- 메리안 Wyn-Druyven(포도주용 포도)
- 한국어 포도
- 영어 Common grape vine
- 학명 *Vitis vinifera* (L.)
- 분류체계 피자식물문 > 목련강 > 갈매나무목 > 포도과 > 포도속

35장 초록색 열매가 줄줄이 달린 나무

야생 나무
- 영어 Lancepods
- 학명 *Lonchocarpus monilis* (L.)
- 분류체계 피자식물문 > 목련강 > 콩목 > 콩과 > 롱코카르푸스속

36장 흰 꽃이 피는 식물

흰 꽃이 피는 식물
- ◆ 영어 Costus
- ❖ 학명 *Costus arabicus* (L.)
- ▶ 분류체계 피자식물문 > 백합강 > 생강목 > 코스투스과 > 코스투스속

37장 오커륌

오커륌
- ● 메리안 Okkerum(오커륌), Althea(알테아)
- ■ 한국어 오크라
- ◆ 영어 Okra
- ❖ 학명 *Abelmoschus esculentus* (L.) Moench
- ▶ 분류체계 피자식물문 > 목련강 > 아욱목 > 아욱과 > 오크라속

38장 초록색 융털을 잎에 두른 식물

초록색 융털을 잎에 두른 야생 식물
- ◆ 영어 Bellyache bush
- ❖ 학명 *Jatropha gossypiifolia* (L.)
- ▶ 분류체계 피자식물문 > 목련강 > 대극목 > 대극과 > 자트로파속

39장 작고 노란 꽃이 피는 식물

작은 노란색 꽃이 피는 식물
- ◆ 영어 Mexican primrose-willow
- ❖ 학명 *Ludwigia octovalvis* (Jacq.)
- ▶ 분류체계 피자식물문 > 목련강 > 도금양목 > 바늘꽃과 > 여뀌바늘속

40장 파파야 나무

파파야 나무
- ● 메리안 Papay-Boom
- ■ 한국어 파파야
- ◆ 영어 Papaya
- ❖ 학명 *Carica papaya* (L.)
- ▶ 분류체계 피자식물문 > 목련강 > 잔약아강 > 십자화목 > 파파야과 > 파파야속

41장 파란 꽃이 피는 바타타

바타타
- ● 메리안 Batata
- ■ 한국어 고구마
- ◆ 영어 Sweet potato, Yam
- ❖ 학명 *Ipomoea batatas* (L.)
- ▶ 분류체계 피자식물문 > 목련강 > 가지목 > 메꽃과 > 고구마속

갈대
- ● 메리안 Ried
- ◆ 영어 Parrot's beak, Parakeet flower
- ❖ 학명 *Heliconia psittacorum* (L. f.)
- ▶ 분류체계 피자식물문 > 백합강 > 생강목 > 헬리코니아과 > 헬리코니아속
- ※ 네덜란드어 'Ried'는 갈대 및 홍초(칸나)를 말하는데, 현재의 식물 분류체계에서 갈대는 사초목 벼과, 홍초는 생강목 홍초과 식물이다. 이 둘은 모두 백합강에 속하지만, 메리안이 지칭한 식물과는 다른 종이다.

42장 머스크 꽃

머스크 꽃
- ● 메리안 Muscus Bloem
- ◆ 영어 Abelmosk
- ❖ 학명 *Abelmoschus moschatus* (Medik.)
- ▶ 분류체계 피자식물문 > 목련강 > 아욱목 > 아욱과 > 아벨모스크속

43장 마멀레이드 통 나무

마멀레이드 통 나무
- ● 메리안 Marmelade-Doosies-Boom

◆ 영어 Duroia

❖ 학명 *Duroia eriopila* (L. f.)

▶ 분류체계 피자식물문 > 목련강 > 용담목 > 꼭두
선이과 > 두로이아속

나비

● 메리안 schoon Capelle(아름다운 나비), Pagie de la
Reine(파히 더 라 레이너)

❖ 학명 *Protesilaus protesilaus* (L. 1758)

▶ 분류체계 절지동물문 > 곤충강 > 나비목 > 호랑
나비과 > 프로테실라오스속

44장 로쿠

로쿠

● 메리안 Rocu

◆ 영어 Achiote, Lipstick tree

❖ 학명 *Bixa orellana* (L.)

▶ 분류체계 피자식물문 > 목련강 > 아욱목 > 빅사
과 > 빅사속

45장 플로스 파보니스

플로스 파보니스

● 메리안 Flos Pavonis

◆ 영어 Peacock Flower

❖ 학명 *Caesalpinia pulcherrima* (L.) Sw.

▶ 분류체계 피자식물문 > 목련강 > 콩목 > 콩
과 > 실거리나무속

나방

● 메리안 motten of Uilkens(회색 나방)

❖ 학명 *Manduca sexta paphus* (Cramer, 1779)

▶ 분류체계 절지동물문 > 곤충강 > 나비목 > 박각
시과 > 만두카속

46장 재스민

재스민

● 메리안 Jasmin

◆ 영어 Spanish jasmine, Royal jasmine

❖ 학명 *Jasminum grandiflorum* (L.)

▶ 분류체계 피자식물문 > 목련강 > 현삼목 > 물푸
레나무과 > 영춘화속

47장 청포도

청포도

● 메리안 Witte Wyn-Druyven

■ 한국어 청포도

◆ 영어 Wine grape

❖ 학명 *Vitis vinifera* (L.)

▶ 분류체계 피자식물문 > 목련강 > 갈매나무목
> 포도과 > 포도속

48장 타브로우바

타브로우바

● 메리안 Tabrouba

❖ 학명 *Genipa americana* (L.)

▶ 분류체계 피자식물문 > 목련강 > 용담목 > 꼭두
선이과 > 제니팝나무속

딱정벌레

● 메리안 Torren

■ 한국어 가랑잎하늘소

◆ 영어 Sabertooth longhorn beetle

❖ 학명 *Macrodontia cervicornis* (L. 1758)

▶ 분류체계 절지동물문 > 곤충강 > 딱정벌레목
> 하늘소과 > 가랑잎하늘소속

야자나무 굼벵이

● 메리안 Palmyt-Wormen

◆ 영어 South American palm weevil

❖ 학명 *Rhynchophorus palmarum* (L. 1758)

▶ 분류체계 절지동물문 > 곤충강 > 딱정벌레목
> 바구미과 > 링코포루스속

49장 겹꽃이 피는 석류나무

파리
- 메리안 groene Vliege(초록색 파리), Lierman(풍각쟁이)
- 학명 *Fidicina mannifera* (Fabricius, 1803)
- 분류체계 절지동물문 > 곤충강 > 노린재목 > 매미과 > 피디키나속
- ※ 메리안은 파리라고 칭했지만, 현대의 분류체계에서는 매미과 곤충이다.

랜턴 플라이
- 메리안 Vliege(파리), Lantarendragers(랜턴 플라이), Firefly(반딧불이)
- 영어 lantern fly
- 학명 *Fulgora laternaria* (L. 1758)
- 분류체계 절지동물문 > 곤충강 > 노린재목 > 꽃매미과 > 꽃매미속
- ※ 메리안은 파리라고 칭했지만, 현대의 분류체계에서는 꽃매미과 곤충이다.

50장 하얀 꽃이 피는 바타타

흰색 바타타
- 메리안 Witte Battattes
- 한국어 밤메꽃
- 영어 Tropical white morning-glory, Moonflower
- 학명 *Ipomoea alba* (L.)
- 분류체계 피자식물문 > 목련강 > 가지목 > 메꽃과 > 고구마속
- ※ 주석에서 코멜린이 지적했듯이 41장의 바타타와 50장의 바타타는 다른 종이다. 현대의 분류체계에서 이들은 모두 메꽃과 고구마속의 식물이다.

51장 단콩 나무와 노란 애벌레

단콩
- 메리안 Zoete-Boontjes(단콩), Wycke-Bockjes(비커-보크여스)
- 영어 Ice-cream bean
- 학명 *Inga edulis* (Mart.)
- 분류체계 피자식물문 > 목련강 > 콩목 > 콩과 > 잉가속
- ※ 58장의 '단콩 나무'도 이와 동일하다.

52장 중국 사과나무

중국 사과나무
- 메리안 Appels van China-Boomen
- 한국어 당귤나무
- 영어 Sweet orange
- 학명 *Citrus sinensis* (L.) Osbeck
- 분류체계 피자식물문 > 목련강 > 무환자나무목 > 운향과 > 귤나무속

53장 미스펠 나무

미스펠 나무
- 메리안 Mispel
- 학명 *Drymonia Serrulata* (Jacq.) Mart.
- 분류체계 피자식물문 > 목련강 > 꿀풀목 > 제스네리아과 > 드리모니아속

54장 발리아

발리아
- 메리안 Ballia
- 학명 *Heliconia acuminata* (Rich.)
- 분류체계 피자식물문 > 백합강 > 생강목 > 헬리코니아과 > 헬리코니아속

55장 인디언 고추

인디언 고추
- 메리안 Indiaanse Peper(인디언 고추), Piement(피망)
- 영어 Hot pepper
- 학명 *Capsicum annuum* (L.)
- 분류체계 자식물문 > 목련강 > 가지목 > 가지과 > 고추속

56장 보라색 꽃이 피는 물풀

물풀
◆ 영어 Water hyacinth
❖ 학명 *Eichhornia crassipes* (Mart.) Solms
▶ 분류체계 피자식물문 > 백합강 > 백합목 > 물옥잠과 > 부레옥잠속

물 전갈
● 메리안 Water-Scorpioene
❖ 학명 *Lethocerus grandis* (L. 1758)
▶ 분류체계 절지동물문 > 곤충강 > 노린재목 > 물장군과 > 물장군속
※ 메리안은 이 곤충을 물 전갈(장구애비)이라고 칭했는데, 현재 곤충 분류체계에서 이는 노린재목 장구애비과의 다른 종이다.

59장 물 냉이

물 냉이
● 메리안 Kersse(냉이), Water-Kersse(물 냉이)
◆ 영어 Shoreline purslane
❖ 학명 *Sesuvium portulacastrum* (L.)
▶ 분류체계 피자식물문 > 목련강 > 석죽목 > 번행초과 > 세수비움속

두꺼비
● 메리안 Padde
◆ 영어 Common Surinam toad
❖ 학명 *Pipa pipa* (L. 1758)
▶ 분류체계 척삭동물문 > 양서강 > 개구리목 > 중와아목 > 발톱개구리과 > 수리남두꺼비속

고둥
● 메리안 Hoorntje
◆ 영어 Caribbean crown conch
❖ 학명 *Melongena melongena* (L. 1758)
▶ 분류체계 연체동물문 > 복족강 > 신복족목 > 털탑고둥과 > 멜롱게나속

60장 붉고 우아한 꽃

붉고 우아한 꽃
❖ 학명 *Pachystachys coccinea* (Aubl.) Nees
▶ 분류체계 피자식물문 > 목련강 > 꿀풀목 > 쥐꼬리망초과 > 파키스타키스속

큰 아틀라스
● 메리안 Groote Atlas
◆ 영어 Idomeneus giant owl
❖ 학명 *Caligo idomeneus* (L. 1758)
▶ 분류체계 절지동물문 > 곤충강 > 나비목 > 네발나비과 > 카리고속

야생벌
● 메리안 Maribonse(마리본세), Wilde Wespe(야생벌)
◆ 영어 Umbrella wasps
❖ 학명 *Polistes* sp.
▶ 분류체계 절지동물문 > 곤충강 > 벌목 > 말벌과 > 쌍살벌속

마리아 지빌라 메리안 연보

출생과 어린 시절

1647   30년전쟁이 막바지로 치닫던 때, 프랑크푸르트에 거주하던 출판업자이자 판화가 마
         테우스 메리안과 그의 두 번째 아내 요하나 지빌라 하임 사이에서 출생

1650   아버지가 병으로 사망

1651   어머니가 네덜란드의 정물화가이자 공방 운영자인 야코프 마렐과 재혼. 어린 시절 메
         리안은 정원의 꽃과 곤충을 관찰하는 것을 즐겼으며, 새아버지에게 그 실력을 인정받
         아 공방에 자리를 마련한 뒤 그림과 판화의 기초를 배우고 익힘

결혼 및 초기작 출간

1665   새아버지의 공방에서 기술을 배웠던 화가 요한 안드레아스 그라프와 결혼

1668   첫째 딸 요하나 헬레나 출산

1670   남편의 고향인 뉘른베르크로 이주. 여성들에게 그림과 자수, 곤충 표본 제작법을 가
         르치며 생계를 꾸림

1675   예술 애호가를 위한 것이자 동시에 그림과 자수의 모본을 제공하는 실용적 용도를 겸
         비한 첫 책,《꽃 그림책》1권 출간

1677   《꽃 그림책》2권 출간

1678   둘째 딸 도로테아 마리아 출산

1679   "당신은 이 책에서 100가지 이상의 변태를 발견할 것이다"라는 말과 함께 메리안의 본
         격적인 곤충 연구의 서막을 알린 책,《애벌레의 경이로운 변태와 독특한 꽃 먹이》1권
         출간

1680   《꽃 그림책》3권 출간.《꽃 그림책》1·2·3권을 묶어《새로운 꽃 그림책》출간

1681   새아버지가 병으로 사망. 홀로된 채 유산 분쟁에 휘말린 어머니를 돌보기 위해 두 딸
         과 함께 고향 프랑크푸르트로 돌아감. 남편과의 별거가 이어지다가, 그가 메리안을
         찾아오면서 어머니의 집에서 다시 함께 살게 됨

1683   《애벌레의 경이로운 변태와 독특한 꽃 먹이》2권 출간

† 메리안의 이복 오빠 마테우스 메리안 2세가 그린 〈메리안 가족의 초상〉.
　왼쪽에 앉은 이가 아버지이고, 오른쪽에 대리석상을 들고 있는 아이가 메리안으로 추정된다.

† 메리안의 새아버지 야코프 마렐이 그린
　〈마리아 지빌라 메리안의 초상〉(1679).
　젊은 시절 메리안의 모습을 볼 수 있는 작품이다.

1685   남편을 홀로 둔 채 어머니와 딸들을 데리고 네덜란드 프리슬란트주 비우어르트에 있는 라바디파 공동체로 들어감

1686   라바디파 공동체에 함께 기거하던 이복 오빠 카스파어 메리안 사망

1690   어머니가 병으로 사망

1691   두 딸과 함께 라바디파 공동체를 떠나 암스테르담으로 이주. 그림을 가르치고 각종 책의 일러스트를 제작하여 생계를 유지했으며, 지역 인사들을 비롯한 지식인들과도 활발하게 교유함

1692   큰딸 요하나가 무역상 야코프 헤롤트와 결혼. 재결합을 요구하다가 지친 남편이 2년 전 뉘른베르크 의회에 제출한 이혼 신청이 드디어 승인됨

1699   유언장을 작성한 뒤 둘째 딸 도로테아와 함께 수리남으로 향함. 네덜란드 동인도회사에 탐사 지원을 신청했으나 처음에는 나이 많은 여성이라는 이유로 거절당했으며, 끈질기게 교섭하여 경비를 갚겠다는 각서를 쓴 뒤 대출을 받아 뱃길에 오름

1701   열대병에 걸려 죽을 고비를 넘긴 뒤 수리남에서 암스테르담으로 귀국. 수리남에서 그린 그림을 전시하여 주목받음. 도로테아가 외과 의사인 필립 헨드릭과 결혼

1705   심혈을 기울인 대작《수리남 곤충의 변태》의 네덜란드어판 및 라틴어판 출간. 열광적인 반응을 얻었고, 박물학자, 곤충 수집가, 미술 애호가를 비롯해 러시아의 표트르대제도 이 작품을 구입

1711   큰딸 요하나가 남편과 함께 수리남으로 영구 이주

사망과 그 이후

1717   뇌졸중으로 사망. 메리안의 사후 둘째 딸 도로테아가 마무리하여《애벌레의 경이로운 변태와 독특한 꽃 먹이》3권 출간

1719   도로테아의 두 번째 남편 게오르크 그젤이 표트르대제의 궁정 화가가 됨

1725   도로테아가 상트페테르부르크 과학 아카데미의 화가로 고용됨

† 메리안의 둘째 사위 게오르크 그젤의 그림을 바탕으로
야코프 하우브라컨이 동판으로 제작한 〈메리안의 초상〉(1717).

† 1992년 독일에서 발행된 500마르크 지폐.
메리안의 업적을 기리기 위해 그녀의 모습과 함께
그녀가 평생 연구한 곤충을 상징적으로 그려 넣었다.

도판 출처

4쪽 Museums Victoria Collections, LIB 62958 | 12쪽(위) 개인 소장 | 12쪽(아래) Wikimedia Commons(Johann Moritz von Nassau Siegen, *Aufbruch in neue Welten - der Brasilianer - Johann Moritz von Nassau Siegen*, Siegen: Siegen, 2004에 재수록) | 14쪽(위) Sächsische Landesbibliothek-Staats-und Universitätsbibliothek Dresden | 14쪽(아래) Digitale Sammlungen der Universitätsbibliothek Erlangen-Nürnberg(https://nbn-resolving.org/urn:nbn:de:bvb:29-bv009519002-3#0005) | 18쪽 (위) Bijzondere Collecties van de Universiteit van Amsterdam | 18쪽(아래) Université de Strasbourg | 22쪽(위) Digitale Bibliotheek voor de Nederlandse Letteren | 22쪽(아래) Rijksmuseum(Object number: SK-A-4075) | 24쪽(위) Oak Spring Garden Foundation | 24쪽 (아래) Rijksmuseum(Object number: RP-T-1977-16) | 32쪽·34쪽·36쪽·38쪽·40쪽·42쪽·44쪽·46 쪽·48쪽·50쪽·52쪽·54쪽·56쪽·58쪽·60쪽·62쪽·64쪽·66쪽·70쪽·72쪽·74쪽·76쪽·78쪽·80쪽·82 쪽·84쪽·86쪽·88쪽·90쪽·92쪽·94쪽·96쪽·98쪽·100쪽·102쪽·104쪽·106쪽·108쪽·110쪽·112 쪽·114쪽·116쪽·118쪽·120쪽·122쪽·124쪽·126쪽·128쪽·130쪽·134쪽·136쪽·138쪽·140쪽·142 쪽·144쪽·146쪽·148쪽·150쪽·152쪽·154쪽 Smithsonian Libraries and Archives | 171쪽 (위) Kunstmuseum Basel | 171쪽(아래) Kunstmuseum Basel | 173쪽(위) Artis Bibliotheek, Universiteit van Amsterdam | 173쪽(아래) Wikimedia Commons

옮긴이 **금경숙**

도시공학을 전공한 뒤, 도시를 계획하고 집 짓는 일을 했다. 네덜란드에 살면서 북해 연안 저지대의 다양한 모습을 글로 기록하고 네덜란드 작가들의 작품을 우리말로 옮겼다. 지은 책으로《플랑드르의 화가들》과《루르몬트의 정원》이 있고, 옮긴 책으로《터키 과자》,《공화국》,《유목민 호텔》,《히메로니무스 보스의 수수께끼》,《음악에 색깔이 있다면》등이 있다.

수리남 곤충의 변태

과학적 지성과 예술적 미학을 겸비한 한 여성의 찬란한 모험의 세계

초판 1쇄 발행 2024년 1월 1일

지은이	마리아 지빌라 메리안
옮긴이	금경숙
펴낸이	임윤희
편 집	민다인
디자인	이유나
제 작	제이오

펴낸곳	도서출판 나무연필
출판등록	제2014-000070호(2014년 8월 8일)
주 소	08613 서울 금천구 시흥대로73길 67 엠메디컬타워 1301호
전 화	070-4128-8187
팩 스	0303-3445-8187
이메일	book@woodpencil.co.kr
홈페이지	woodpencil.co.kr

ISBN	979-11-87890-56-0 04490
	979-11-87890-54-6 （세트）